ライブラリ新・基礎物理学＝3

新・基礎　波動・光・熱学

永田一清・松原郁哉　共著

サイエンス社

編者のことば

本ライブラリの前身にあたる「ライブラリ工学基礎物理学：基礎力学，基礎電磁気学，基礎波動・光・熱学」が発刊されて，すでに十数年を経た．当時（1980年代後半）は，丁度戦後日本の高等教育の大拡張期が一段落を見た時期でもあった．1950年代には8％程度であった4年制大学の就学率は，1980年代には28％にまで達していた．その頃の大学教育は，この大学生の量的な拡大があまりにも急激に進んだために，その学生の質の変化に対応することができず，その方策を模索していた．理工系の大学初年次教育でもっとも重要な部分を占める物理学の基礎教育についても，それは例外ではなかった．

前ライブラリは，そのような当時の基礎物理教育に寄与するために，物理学のテキストとして新しいスタイルを提案した．すなわち，それまでの物理学のテキストのように，美しい理論体系をテキストの中で精緻に説明するのではなく，学生諸君自らが実際に手を動かして，例題などを解き，証明を導くことによって，より効果的に物理法則などの理解を深めさせることをねらったものであった．幸い私たちの試みは広く受け入れて頂けたようで，大変嬉しく思っている．

しかし，近年，少子化が進んで大学は入学し易くなり，さらに，“初等・中等教育の学習指導要領”の改変によって高等学校までの学習の習熟度が低下し，大学生のユニバーサル化が一挙に進むことになってしまった．そうなると，もはや前ライブラリで対応することは難しいように思われる．

この新しい「ライブラリ新・基礎物理学」シリーズでは，高等学校で物理を十分に学習してこなかった学生諸君でも十分に理解できるように，また，物理の得意な学生諸君には，物理学の面白さが理解できるように，各巻がそれぞれに工夫をこらして執筆されている．たとえば，学生諸君の負担をなるべく軽減するために内容は重要な項目だけに精選し，その代わり重要な概念や法則については，初心者にも十分に理解できるように，また物理の好きな学生にはより深く理解できるように，一つ一つをできるだけ平易に，丁寧に説明するように心がけられている．したがって，学生諸君はこのライブラリを繰り返し読むことによって，物理を学ぶ楽しさを味わうことができるであろう．

永田一清

はしがき

物理を学んでいて楽しいことの一つは「一を聞いて十を知る」ことができることだろう．少しの原理や法則を知れば，色々なことがわかってしまう．本書で取り上げた波の分野でも，たとえばホイヘンスの原理を使うと，波の反射や屈折，さらに回折などさまざまなことが説明できる．しかも海の波から音や光まで同じように扱える．また，熱の方では，エントロピー増大の原理を用いれば，どんな種類の熱機関でも，その最大効率を熱源の温度だけから求められる．そんな物理の凄さを味わってもらえることを願っている．

ただ，物理という学問はこのように抽象度が高いだけに，人間味のない「冷たいもの」という印象をもたれがちである．しかし，もちろん物理といえども人間の営みから生まれたもので，その成り立ちの影には多くのドラマが潜んでいる．本書ではこのような科学史を詳しく述べる余裕はなかったが，歴史上重要な科学者や実験装置の図なども載せてみた．先人たちの努力に思いを馳せ，少しでも物理に親しみを感じていただければ幸いである．なお，これらを含め，他書やウェッブサイトにある図を多く利用させていただいた．転載を快く認めてくださった関係者の方々に感謝したい．

これらの他に，執筆の際に留意した点は次の通りである．

(1) 物理を初めて学ぶ学生を対象とした，大学初年次用テキストとして利用できるものとする．

(2) 重要な概念や法則は，初心者にも十分理解できるようにできるだけ平易にていねいに説明する．

(3) 学生諸君の負担を軽減するため，内容を精選する．そのため，たとえばエントロピー導入の詳細や自由エネルギーなどは割愛した．

(4) 音や光はヒトが感覚で捉えるものでもある．そこで，純粋に物理的な部分に留まらず，多少ヒトの感覚にも触れるようにする．

(5) 自習もできるように，各章の最後に例題を置くようにする．さらに章末に演習問題を用意しその解答を巻末に示す．

学生諸君が物理を楽しみ，理解する上で，本書が一助となることができれば幸いである．

最後に，本書の出版にあたり，いろいろご面倒をおかけしたサイエンス社の田島伸彦氏と足立豊氏に心よりお礼を申し上げる．

2006年5月

著　者

目　　次

I 部 波　動
力学的な波と音

波といえばすぐに思い浮かぶのは水面にたつ波，すなわち水波であろう．静まりかえった池に石を投げ込むと，石の落下した点を中心に同心円状の波紋が広がっていく光景は，誰でも経験している．しかし，最近では，波といえばむしろ野球やサッカーの応援で見かけるウェーブを思い浮かべることが多いかもしれない．

観客席に起こるウェーブでは，まず，ある列の人が立ち上がって手を挙げると，それに続いて隣の列の人が同様に立ち上がって手を挙げる．立ち上がった人はしばらくして着席する．この観客の立ち上がって座るという動作が順次隣の列に伝わっていくとこれが波にみえる．このように，波は何かの状態が，あるいは状態の変化が次々と隣り合った部分へ伝播する現象である．

波には，水波や音波のように物質の各部分の運動の状態が物質内を伝播する力学的な波と，電波や光のように空間の電磁気的な状態の変化が空間を伝播する電磁気的な波がある．第Ｉ部では，まず波動の基本的な性質を学び，次いで力学的な波として音波を取り上げる．

第0章

はじめに

波動を学ぶ

われわれの身の回りにはさまざまなかたちの波が存在している．しかし，これらの多様な波は共通の性質をもっているために，普遍的なものとして理解することができる．たとえば，波は，一旦形成されると同じ形を保ちながら伝播していく性質がある．このことから，波は時間と位置座標の1次結合の関数として表されることがわかる．また，そのような波の式 (運動) は1つの共通の運動方程式から導かれる．

本章では，まず，波にみられる共通の性質やそれを特徴付ける概念について解説し，続いて波を表す式（波動関数）や，さらに波の運動を記述する運動方程式（つまり波動方程式）を導く．

本章の内容

0.1 波の性質

波とは

物質内を伝わる力学的な波を考えよう．よく知られているように，物質は原子や分子などの粒子からできていて，それらの粒子は互いに相互作用によって結合している． そのような，物質の内部に局所的な乱れが生じると，その乱れ（つまりエネルギーの高まり）が相互作用を通して周囲に拡散していく．このようにエネルギーが伝播する現象を**波**（**波動**）と呼び，波を伝える物質を**媒質**という．この場合，伝わるのはエネルギーであって，媒質そのものは全体としては移動しない．たとえば，池に小石を投げ込むと，水面の水がかき乱されて，その乱れがさざ波となって同心円状に広がっていく．しかし，それに伴って水が広がっていくわけではなく，水面の水は上下運動するとともにもとの位置を中心に前後運動するだけである．したがって，波動を考える場合，波の運動と媒質の各部分の運動とを区別しなければならない．

波を特徴づける物理的な特性—波長・振動数・速度・振幅

一端を固定した長いロープの他端を手でもって，上下に振ると1つの山と1つの谷をもち，ある特定の速度で進行するパルス波ができる．さらに，この上下の振りを規則的に繰り返すと，図0.1のように連続的な波ができる．この場合，ロープのうねりの形（**波形**）は波が進行する間，ほとんど変化しない．

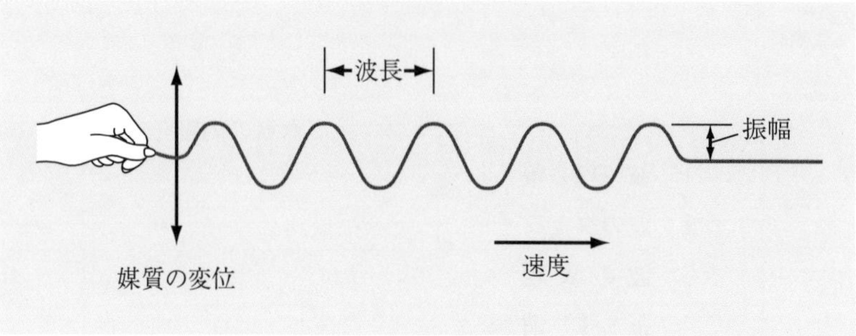

図0.1　張られたロープを伝わる横波

このような周期的な波には，それを特徴づける4つの重要な物理的特性がある．それは波長，振動数，振幅および速度である．**波長**とは，波の進行方向上にあって，まったく同一の振る舞いをする媒質の任意の2点の間の最小距離である．たとえば，図0.1の張られたロープを伝わる波の場合は，隣り合った山と山の間あるいは谷と谷の間の距離が波長である．

周期的な波では，媒質の乱れ（運動）が規則的に繰り返される．つまり，媒質の各点は振動している．単位時間に繰り返されるその振動の回数が波の**振動数**である．また，その振動の振幅，つまり媒質の変位の最大値を波の**振幅**という．

波はある特定の速度で伝播する．この波の**速度**は媒質中の分子間の相互作用で決まるので，媒質となる物質ごとに違っており，また物質の状態によっても異なる．一般に固体を伝わる波の速さは液体や気体におけるそれよりも大きい．

0.2　波のタイプ

縦波と横波

媒質の振動の方向と波の進行方向に注目すると，波は一般に2つのタイプに分類することができる．1つは媒質の振動方向と波の進行方向が一致している場合で，**縦波**と呼ばれる．たとえば，図0.2のように，張られたばねの一端を左右に振ると，その乱れはばねの長さ方向に伝わっていく．このよう

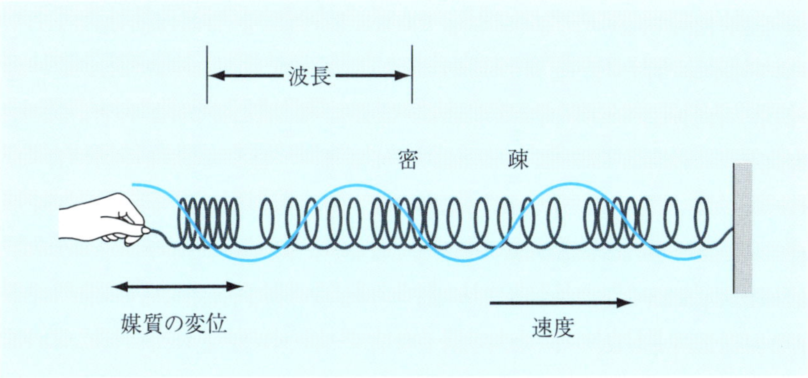

図0.2　張られたばねを伝わる縦波

な，ばねを伝わる波では，ばねの各部分は波の伝わる速度の方向と平行に振動するので，これは縦波である．縦波では，媒質が波の進行方向に振動するために，媒質に詰まった（密な）ところと，まばらな（疎な）ところが生じ，この疎密の状態が伝わっていく．そのため縦波は**疎密波**とも呼ばれる．音波は空気の圧縮と膨張によって縦方向に生じる疎密波である．

一方，図 0.1 のロープを伝わる波では，ロープの各部分が波の進行方向に対して垂直に振動する．このような波は**横波**と呼ばれる．このタイプの波にはバイオリンやギターの弦に生じる波などがある．また，媒質中を伝播する力学的な波ではないが，空間を伝わる電磁波も，電界や磁界は波の進行方向に対して垂直な面内で振動しており横波である．

波が伝わるためには，媒質の各点に生じたひずみを解消して変位をもとに戻そうとする力が必要である．縦波の場合のそのような力は，隣り合う部分の間で変位に対して平行にはたらく圧力や張力などの法線応力である．法線応力は，固体，液体，気体を問わず，すべての物体にひずみに伴って現れる．そのため，縦波は全ての物体中を伝播することができる．

一方，横波が伝わるためには，媒質の隣り合う部分間での接線応力（せん断応力）が必要になる．固体の場合には，ひずみに伴ってこの接線応力が現れるため，縦波だけでなく，横波も伝えることができる．しかし，接線応力が存在しえない流体（液体や気体）の場合には，横波を伝えることができない．

地震波（P 波と S 波）

固体中では縦波も横波も伝わるが，その伝播速度はつねに縦波の方が大きい．われわれはこのことを地震の際に直接体験することができる．地震は地中の深いところ（震源）で岩石などの破壊が起こり，そのショックが周囲の地殻物質を振動させ，その振動が地震波としてわれわれの足元にまで伝わる現象である．地殻は固体なので地震波には縦波と横波があり，まず震源から先に到達するのは微弱な縦波（**P 波**：速さ～5 km/s）である．そして，少し遅れて横波（**S 波**：速さ～3 km/s）が到達する．P 波が到着してから S 波がくるまでの間は**初期微動継続時間**と呼ばれ，その間は微弱な振動（初期微動）

が続くので，この初期微動継続時間を測ることによって，震源地までのおおよその距離を求めることができる．

水面の波

水の表面に起きる水波は，すべての波の中でもわれわれに最もなじみの深い波の１つである．この水面波は，その外形から横波と受け取られ易いが，実際には純粋な横波でも，また純粋な縦波でもなく，それらが組み合わさった波である．深さのある水の表面を水波が進行するとき，表面にある水分子は上下方向に振動するだけでなく，進行方向にも振動しているため，図 0.3 に示すようにある種の円運動をする．このことは，海面に浮かんでいるブイや，波の立っている池の水面に浮かべた木の葉の運動を観察すればよくわかる．もちろん，波が進むにつれて，図 0.3 に示すように，水分子の円経路上の位置は，少しずつずれており，その一連の円経路上の水分子をつなぐと水の表面が得られる．

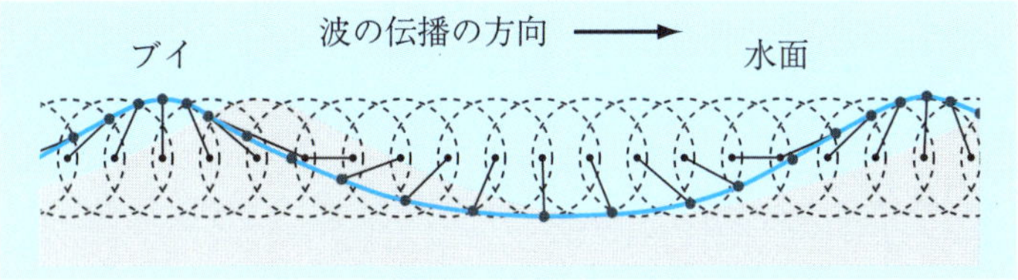

図 0.3　水の表面に起こる波とブイの運動

水中では，接線応力は存在しないために，横波は伝わらないはずである．それにもかかわらず，水面で横波が伝わるのは，表面張力や重力が水の変位に対する復元力としてはたらくためである．

このような水深の深い水面を伝わる水波の速さ v は，波長 λ に依存し，

$$v = \sqrt{\frac{g\lambda}{2\pi}} \tag{0.1}$$

となることが知られている．ここに，g は重力加速度の大きさである．これに対して，水深の浅い水面の波では，底での摩擦抵抗のために，水分子の円経路はつぶれて，楕円経路になる．このときの水波の速さは，水の深さ h に

依存し,

$$v = \sqrt{gh} \tag{0.2}$$

で与えられる.

0.3 波の表現

波形

図 0.1 の実験では，波の形が重力の影響を受けるため，ここでは滑らかな床の上に長いロープを真直ぐにして置き，その一端をロープに垂直な方向に振らせる場合を考えよう．まず，ロープの一端を一方向にだけ 1 振り振って元に戻してみると，図 0.4(a) のように 1 つ山のパルス波が発生し，ロープに沿って進行するのがみられる．次に，ロープを 1 往復振って止めると，こんどは図 0.4(b) のように，山と谷を 1 つずつもったパルス波が現れ，ロープ上を伝播する．ロープの端を何度か不規則に振ってみると，図 0.4(c) のように，やや複雑な形の波ができる．また，ロープの端を一定の周期で規則的に振ると，図 0.4(d) のように周期的な波が連続的に発生する．このように，ロープの端の振り方によって，ロープ上にはさまざまな形の横波を発生させることができる．

これらの波の形は，媒質（ロープ）が部分的にひずむことによって作られ

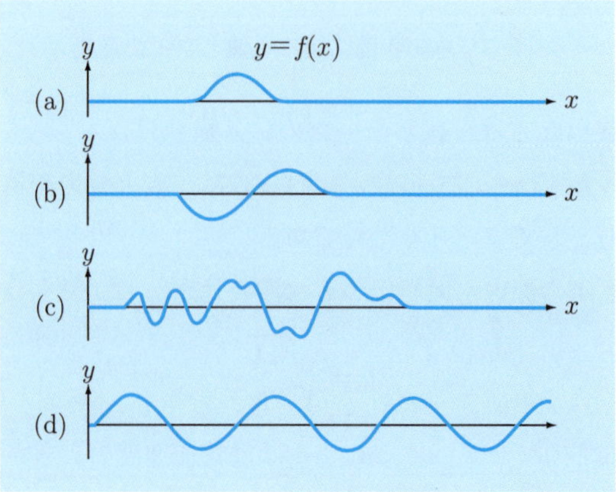

図 0.4 いろいろな波型

たものであるが，一旦その形が形成されると，その形は保たれたまま伝播する．そこで，真直ぐに置かれたロープに沿って x 軸をとり，それに垂直な方向（変位方向）に y 軸をとると，ある瞬間におけるロープの各部分の変位 y は，その位置を x として，

$$y = f(x) \tag{0.3}$$

と表される．(0.3) は，その瞬間におけるロープのうねりの形を表しており，**波形**と呼ばれる．

縦波の波形の描き方

縦波も，波の進行方向に x 軸をとり，媒質の各点における変位の大きさ y を，位置 x の関数として（符号を含めて）プロットすると，横波の場合と同様に波形 (0.3) が得られる．しかし，縦波では，変位の方向が波の進行と一致しているため，波形 (0.3) は媒質の変位が作る形とは直接には対応していない．

図 0.5(a)，(b) は，縦波が伝播していない場合と，伝播している場合の媒質の各点の位置を表したものである．波が伝播すると，図 (b) にみられるように，媒質の各部分は波の進行方向と平行に，前後に変位する．そこでこの変位の振舞いをもっとみやすくするために，波の進行方向に対して垂直方向にこの変位を移し変えてプロットしたのが，図 (c) である．こうしてみると，図 (b) の媒質の変位が，実は波の形をしていることがよくわかる．前節で，縦波は媒質に疎の部分と密の部分が交互に繰り返し現れて伝播する疎密波であることを述べたが，図 (d) は，y 軸に媒質の各点における密度をとってプロットしたものである．この図から，密度の波形（図 (c)）も変位の波形（図 (d)）も同じ形をしていることがわかる．ただし，密度の波形の方が，山（または谷）の位置が 1/4 波長だけ先行している．

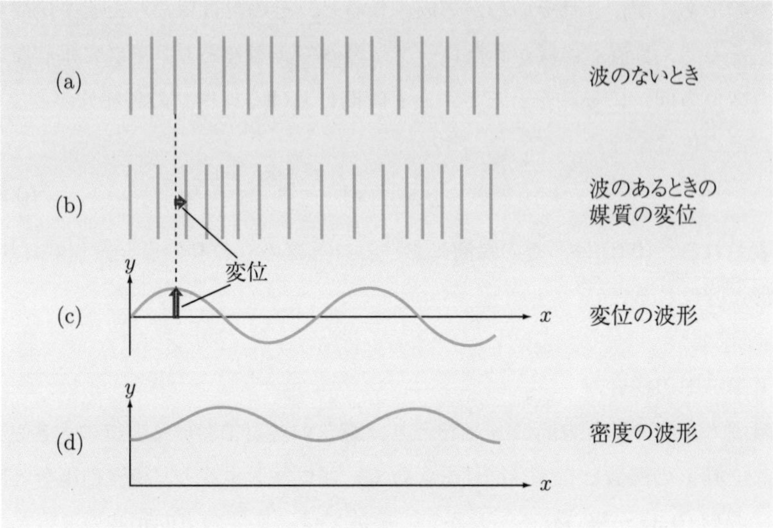

図 0.5　縦波の波形

波を表す式（波動関数）

波の最も際立った特徴は，ひとたび波形が形成されると，その形を保ちながら伝播することである．この性質を利用して波を表す式，つまり波動関数を導いてみよう．

x 方向に進行する 1 次元波の場合，媒質の変位 y は，時刻 t によって変化すると同時に位置 x によっても変化する．したがって，波を表す式は，

$$y = \eta(x,\ t) \tag{0.4}$$

のように，y を t と x の 2 つの変数の関数として表したものになる．また，この波は時間が経過しても波形が保たれなければならない．このことから，(0.4) における 2 つの変数 x，t は独立には振る舞えないこともわかる．

いま，$t = 0$ で図 0.6(a) に示すような波 $y = f(x)$ が形成されたとすると，この波はある時間が経過すると，同じ形を保ちながら，図 (b) に示す位置まで伝播する．この場合，波形の各点の位置 x のことを波の**位相**といい，この位相の伝わる速さを**波の位相速度** v，または単に**波の速度**という．

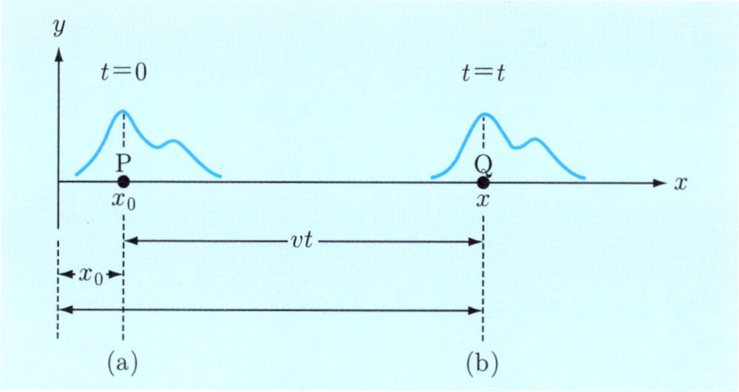

図 0.6 位相の伝わり方

図 0.6 のように，$t = 0$ で P 点の位置を $x = x_0$ とし，時間が t だけ経過したときの Q 点の位置を x とすると，P 点と Q 点は同位相であり，位相は速度 v で伝わるから，

$$x_0 = x - vt \tag{0.5}$$

となる．したがって，時刻 t における波形は，$t = 0$ における波形をそのまま x 方向に vt だけずらしたものであり，

$$y = f(x - vt) \tag{0.6}$$

と表される．このように，x 方向に伝わる 1 次元波の変位 y は，時刻 t と位置 x のそれぞれの独立な関数ではなく，それらの 1 次結合 $x - vt$ の関数となる．同様にして，$-x$ 方向に伝わる波は，$t = 0$ における波形を $y = g(x)$ とすると，

$$y = g(x + vt) \tag{0.7}$$

となる．

波には，後で述べるように，重ね合わせの原理が成り立つ．そのため $+x$ 方向と $-x$ 方向へ進む 2 つの波が同時に媒質中を伝わるとき，各位置 x における変位 y はそれらの重ね合わせとして

$$y = f(x - vt) + g(x + vt) \tag{0.8}$$

で与えられる．

0.4 正弦波

この節では，**正弦波**と呼ばれる重要で基本的な波をとりあげる．媒質の 1 点を平衡位置のまわりに単振動させるとき，その単振動は隣り合った部分に順次伝播していく．このとき発生する波は，波形が正弦曲線で表されるため，正弦波と呼ばれる．

正弦波では，前節で導いた波動関数 $y = f(x - vt)$ は

$$y = a\sin\{k(x - vt) + \delta\} \tag{0.9}$$

のように正弦関数で表される．ここに a，k，δ は定数である．

波形と波長

(0.9) は，ある時刻（たとえば $t = 0$）に着目すると，

$$y = a\sin(kx + \delta) \tag{0.10}$$

となり，図 0.7(a) のような正弦曲線の波形を与える．a は x 軸から測った山の高さ（または谷の深さ）を表す量で**振幅**と呼ばれる．図 (a) の波形で，山

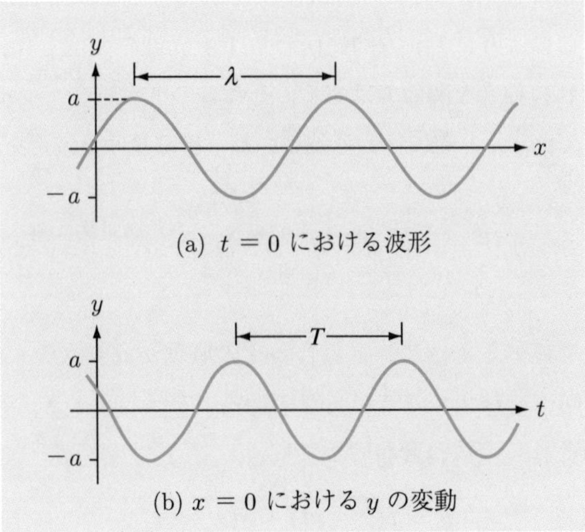

図 0.7 正弦波

から山（あるいは谷から谷）までの距離は**波長**と呼ばれ，通常 λ の記号で表される．また，k は**波数**と呼ばれ，波長に反比例する量で

$$k = \frac{2\pi}{\lambda} \tag{0.11}$$

となる．δ は**位相角**と呼ばれ，これは t および x の原点をどこに取るかによって決まる．

単振動と角振動数

こんどは媒質の位置（たとえば $x = 0$）に着目すると，(0.9) は

$$y = a\sin(-kvt + \delta) \tag{0.12}$$

となり，図 0.7(b) のように時間に関する正弦関数となる．これは，$kv = \omega$ とおくと**角振動数** ω で振動する単振動を表している．したがって，正弦波が伝播している媒質では各点は単振動していることがわかる．この単振動の周期

$$T = \frac{2\pi}{\omega} \tag{0.13}$$

を正弦波の**周期**という．

正弦波とその表現

(0.9) で表される正弦波では，図 0.7(a) の波形が，時間がたつにつれて右の方へ（$x > 0$ の向きに）並進移動していく．ある時刻に媒質のある場所を波の山が通過すると，その T 後に次の山がそこを通過し，そのとき最初の山は 1 波長，すなわち λ だけ先へ進んでいる．したがって，波の速度を v とすると，波長 λ と v の間には

$$\lambda = vT \tag{0.14}$$

の関係が成り立つ．また，(0.14) は

$$v = \frac{\lambda}{T} = \nu\lambda \tag{0.15}$$

と書き換えられる．この場合 ν は正弦波の**振動数**と呼ばれる．

このように正弦波の特徴を表す量にはいくつかあって，それらは互いに関

連付けられている．ここに，それらをまとめておくと

k：波数　λ：波長　$k = \dfrac{2\pi}{\lambda}$

ω：角振動数　T：周期　$\omega = \dfrac{2\pi}{T} = 2\pi\nu$

v：（位相）速度　$v = \dfrac{\omega}{k} = \nu\lambda$

となる．したがって，$+x$ 向きに進む正弦波は (0.9) の表記のほかにも，次のようにいろいろな形に書き表すことができる．

$$y = a\sin\left\{2\pi\left(\frac{x - vt}{\lambda}\right) + \delta\right\} \tag{0.16}$$

$$y = a\sin\left\{2\pi\left(\frac{x}{\lambda} - \frac{t}{T}\right) + \delta\right\} \tag{0.17}$$

$$y = a\sin(kx - \omega t + \delta) \tag{0.18}$$

これらの波を表す各式において，sin の中の角度の部分は**位相**と呼ばれる．

第 1 章

波の重ね合わせ

進行波の反射と定常波

水紋

（提供：時の旅人 (http://www3.loops.jp/~time/))

本章の内容

1.1 重ね合わせの原理

前章では，長いロープの1端をロープに垂直な方向に振ると，その振り方によってさまざまな形の進行波が形成され，伝播することをみた．このように，波は一旦形成されると波形を保ったまま伝播できるという際立った性質をもっている．しかし，自然界における多くの波動現象はこのような単一の進行波では記述できない．一般の波動現象には多数の進行波が組み合わさっているからである．そのような波の組み合わせは，波のもつもう1つの重要な性質，すなわち**重ね合わせの原理**を使って解析することができる．

重ね合わせの原理

いま，ある点に2つの波が同時にやってきたとき，その点における媒質の変位がどうなるかを考えてみよう．2つの波はそれぞれ独立な媒質の運動であるから，振幅が小さければ，一方の波の運動が他方の波の運動に影響を及ぼすことはない．したがって，その点における合成された波の変位 y は，単にそれぞれの波の変位 y_1 と y_2 を足し合わせたものになり，

$$y = y_1 + y_2 \qquad (1.1)$$

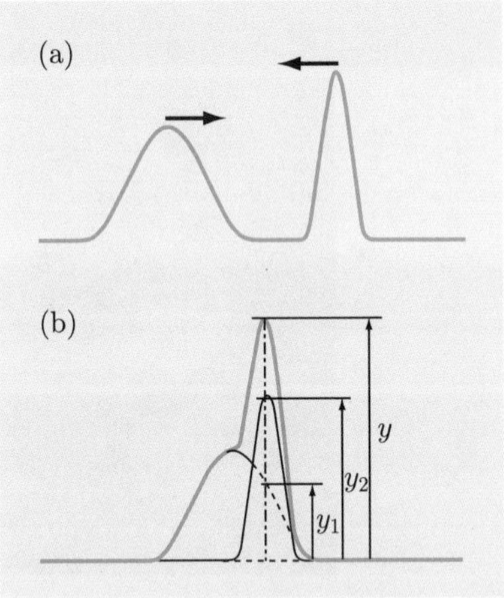

図 1.1 **2つの波の合成**

と表される (図 1.1)．このことを，“波には重ね合わせの原理が成り立つ” という．

重ね合わせの原理は次のように述べることができる．

『2つ以上の進行波が媒質中を運動するとき，任意の点における合成波の波動関数 $y = \eta(x,\ t)$ は，個々の波の波動関数 $y_i = \eta_i(x,\ t)$ の代数和で与えられる．すなわち，

$$\eta(x,\ t) = \sum_i \eta_i(x,\ t) \qquad (1.2)$$

である．』

これは少々驚くべき性質ではあるが，振幅が小さいときの波に一般に成り立つ原理である．この原理に従う波は線形波と呼ばれ，重ね合わせの原理に従わない（振幅が大きい）波は非線形波と呼ばれる．本書ではとくに断わらない限り線形波だけを扱うことにする．

2つの波の衝突

重ね合わせの原理から1つの重要な結論が導かれる．それは，媒質を進む2つの進行波がぶつかり合うとき，それぞれの波は壊れることも，また変化することもなく，互いに通過し合うということである．たとえば，2つの小石を池に投げ入れたときに，水面に広がる円形のさざ波がぶつかり合う様子を思い浮かべてみよう．2つの円形波は互いに相手の波を壊すことなく通過し合い，その結果水面には複雑な干渉パターンが造り出される．この干渉パターンは，輪となって広がっていく独立な2組の円形波の重ね合わせになっている．

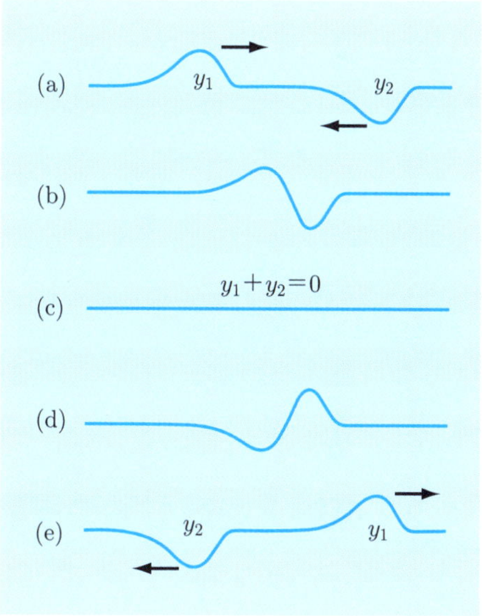

図 1.2　**2つのパルス波の衝突**

重ね合わせの原理の理解するには，簡単な例についてその原理を図解してみるのがよい．いま，無限に長いロープを反対の方向から進行する2つのパルス波を考えてみよう．ただし，図 1.2 に示すように，2つのパルス波は波形が互いに上下反転されているものとする．すなわち，右に進む波 y_1 の正の変位と左に進む波 y_2 の負の変位の大きさは等しくなっている．この場合も2つのパルス波は互いに相手を通り抜けていく．図 1.2 はその様子を示したものである．図の (a)，(b)，(c)，(d)，(e) の順に時間が経過している．図からも明らかなように，全体としての波形は，いずれの時刻においても，2つの波の変位の和となっている．とくに，2つのパルス波が完全に重なり合うとき，それぞれの波の変位は打ち消されて，その瞬間はすべての点の変位が 0 となり，ロープは水平になる（図 (c)）．しかし，このときロープは静止しているのではなく，2 つの波が衝突している付近では垂直方向に運動している．すなわち，図 1.3 に示すように，ロープは図の O 点の両側で上下逆方向の速度をもっている．そのため，次の瞬間には変位が現れることができる．

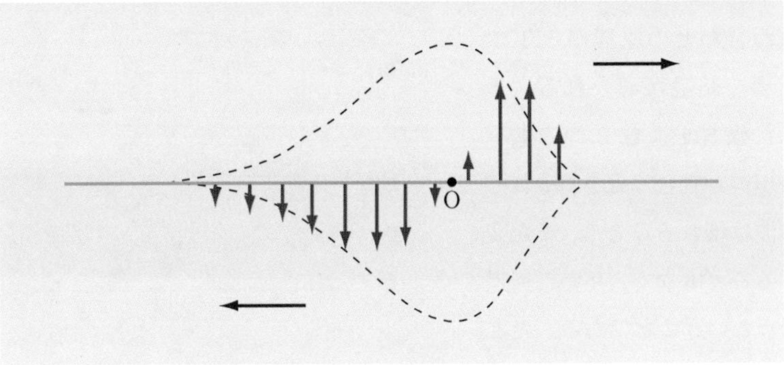

図 1.3　**2 つのパルス波の衝突とロープの速度**

1.2　直線上を進む波の反射

ロープを伝わる進行波は，ロープの終端に到達するとそこで反射されて，ロープを逆向きに進み戻ってくる．このとき，反射波の波形と入射波の波形との間にはある対称性がみられ，それは終端の条件によっている．ここでは，ロープの終端が固定されている**固定端**の場合と，終端がロープに垂直に自由に動ける**自由端**について，進行波の反射を調べてみる．

固定端による反射

簡単のために，1 端が壁に固定されたロープ上を進行するパルス波を考えよう．このパルス波が壁に到達すると，波はそこから先には伝達することはなく，反射される．図 1.4 は壁（固定端）に向かって入射したパルス波が反射される様子を示したものである．図からわかるように反射されたパルス波は変位が反転されている．これは次のようにして説明される．

パルス波が固定されたロープの終端に到達すると，ロープは壁に対して力を及ぼす．このとき，壁はその反作用として，ロープの端に大きさが等しく逆向きの力を及ぼす．この壁からの反作用力によって新たなパルス波が発生する．これが反射波である．したがって，反射波ではその変位が反転することになる．

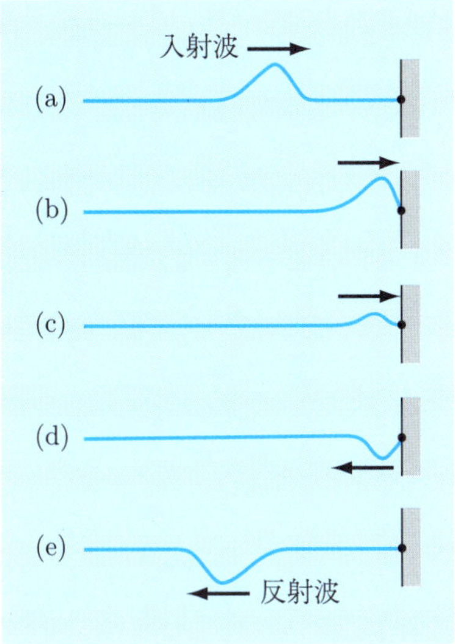

図 1.4　固定端における進行波の反射

固定端による反射波は，このように，もとの波形を上下逆転した形になっているだけでなく，実は左右も逆になっている．この反射波の波形の特徴は，固定端のところでロープの変位が常に0であることから，必然的に導かれる．いま，ロープに沿って固定端へ向かう向きに x 軸をとり，固定端を原点に選んで，入射波と反射波を，それぞれ

$$y_1 = f(x - vt), \quad y_2 = g(x + vt) \tag{1.3}$$

で表してみよう．もし，ロープを伝わる波の波動関数が

$$y(x, t) = f(x - vt)$$

であるとすると，これは固定端での条件をすべての時刻で満たすことができない．そこで，ロープを伝わる波の波動関数を

$$y(x, t) = f(x - vt) + g(x + vt) \quad (x < 0) \tag{1.4}$$

と仮定して，これが $x = 0$ で $y(0, t) = 0$ を満たすように，$g(x + vt)$ を求めてみよう．(1.4) から

$$y(0, t) = f(-vt) + g(vt) = 0 \tag{1.5}$$

となる．この式がすべての時刻 t で成り立つためには，2つの関数 $f(\xi)$，$g(\xi)$ の間には

$$g(\xi) = -f(-\xi) \tag{1.6}$$

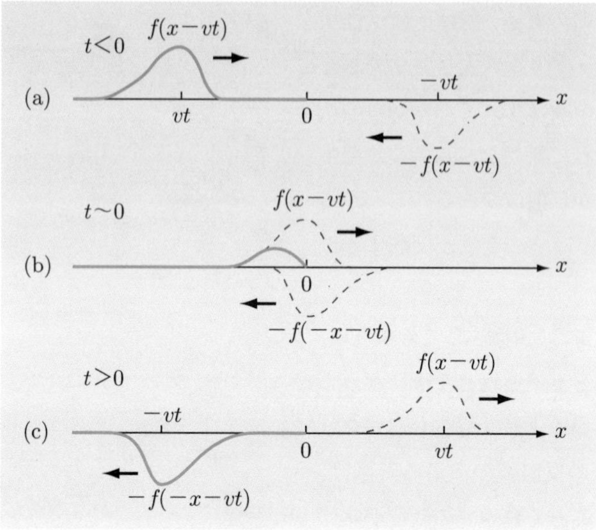

図 1.5　固定端における波の反射

の関係が成り立つことが必要である．これから反射波の波動関数は

$$y_2(x,t) = g(x+vt) = -f(-x-vt) \tag{1.7}$$

と表されることがわかる．これは入射波 $f(x-vt)$ を，固定点に関して左右と上下を反転した形になっている．したがって，固定端がある場合のロープを伝わる波は

$$y(x,t) = f(x-vt) - f(-x-vt) \quad (x<0) \tag{1.8}$$

となる．

ここで，(1.8) の表す意味を考えてみよう．いま，時刻 $t=0$ にパルス波が固定端に到達するものとする．$t<0$ では，(1.8) の $f(x-vt)$ の部分は $x=vt$ (<0) の付近だけで値をもち，$-f(-x-vt)$ の部分は $x=-vt$ (>0) の付近だけで値をもつ．したがって，このとき $-f(-x-vt)$ の部分は現実には存在していない．これはロープ上を入射パルス波が固定端に向かって進んでいる状況に対応している（図 1.5(a)）．ところで，時間が経過すると，$f(x-vt)$ の部分は右へ進み，$-f(-x-vt)$ の部分は左へ進む．やがて入射波が固定端に到達すると，$f(x-vt)$ は固定端の右側 $(x>0)$

に，$-f(-x-vt)$ は左側 $(x<0)$ にそれぞれ顔を出し始める．その結果ロープ上の波 $y(x,t)$ は図 (b) に示すように，$f(x-vt)$ と $-f(-x-vt)$ の重ね合わせになる．このとき固定端 $(x=0)$ では確かに $y(0,t)$ は 0 になっている．さらに，反射が終わって $t>0$ になると，$f(x-vt)$ の部分は $x>0$ の領域に移り，現実には存在しなくなる．それに代わって $-f(-x-vt)$ が反射波としてロープ上を右に向かって進む（図 (c)）．

自由端による反射

ロープや弦の端が垂直方向に自由に運動できるとき，そのような終端を自由端という．ここではロープを進行するパルス波がロープの自由端に到達したときに起こる反射の様子を調べてみよう．自由端を実現するには，ロープに垂直な滑らかな棒上を自由に滑ることができる軽いリングを用意して，それに，ロープの端を結び付ければよい．

パルス波がロープの自由端に到達すると，ロープの端はリングを棒と垂直方向に引っ張り，その反作用として自由端はリングから逆向きに張力を受ける．このリングからの反作用力によってロープには新たなパルス波，つまり反射波が発生する．

図 1.6 は，このときパルス波が自由端で反射される様子を示したものである．図からわかるようにように，パルス波が到達すると，リングはまず上向きに加速され, その結果到達するパルス波の 2 倍の高さまで持ち上がる．ついでロープの張力の下向きの成分によってもとの位置に戻る．それゆえ，自由端における反射では，固定端のときのように反射波の波形が上下に反転することはない．

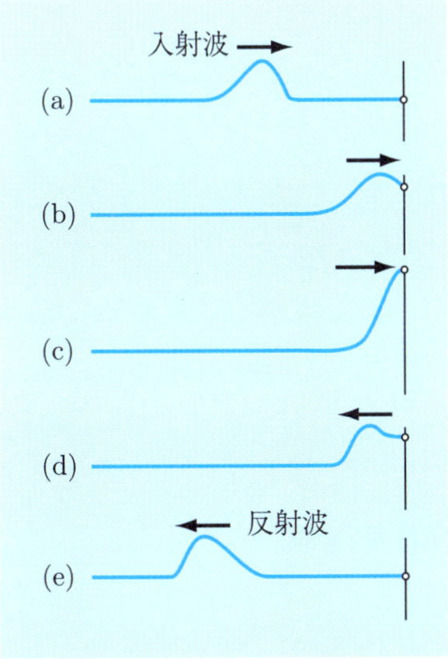

図 1.6　自由端における進行波の反射

自由端における反射波と入射波との関係は，固定端の場合と同様に，ロープ上の波の波動関数として (1.4) を仮定して，自由端の境界条件，つまりそこでは常にロープのひずみが0になることを用いて導かれる（例題 1.1）．結論だけをいえば，自由端での反射波は入射波を原点に対して左右だけを逆にした波である．

1.3 定常波

パルス波でなく，こんどは連続的な正弦波が固定端で反射される場合を考えよう．長いロープの1端を固定し他端を連続的に振動させると，ロープ上を正弦波が発生し固定端に向かって進行する．このような正弦波が固定端で反射されると，反射波もまた連続的な正弦波となって逆に進む．したがって，ロープの運動は逆向きに進む2つの正弦波を重ね合わせたものになる．図 1.7 はその運動を図示したものである．すなわち，ロープの波形は，時間とともに，図の (a), (b), (c), (d), (e) の順に変化する．これからわかるようにこの合成波は波形が左右どちらにも移動せず，常に変位が0のところと，激しく振動するところが交互に現れる．このような波形が移動しない波を**定常波**という．また定常波の振動の振幅が最も大きいところを**腹**といい，振動しないで常に静止しているところを**節**と呼ぶ．定常波の腹から腹，または節から節までの距離は，それぞれ正弦波の波長の半分に等しい．

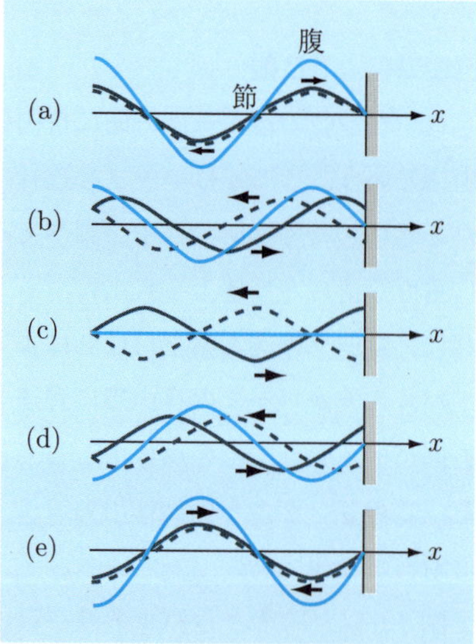

図 1.7　定常波

定常波の導出

この定常波の特徴を式で示してみよう．これまでと同様に，ロープに沿って x 軸をとり，ロープの固定点を原点にとって，入射波を

$$y_1(x,t) = f(x - vt) = a\sin\{k(x - vt)\} = a\sin(kx - \omega t) \qquad (1.9)$$

で表すと，反射波は前節の (1.7) から

$$y_2(x,t) = -f(-x-vt) = a\sin(kx+\omega t) \tag{1.10}$$

で与えられる．そこで，これらの 2 つの波を重ね合わせてみると，

$$\begin{aligned} y(x,t) &= a\{\sin(kx-\omega t)+\sin(kx+\omega t)\} \\ &= 2a\sin kx\cos\omega t = 2a\sin\left(\frac{2\pi}{\lambda}x\right)\cos\omega t \end{aligned} \tag{1.11}$$

となる．これは $(x-vt)$ の関数にはなっていないので，もはや進行波ではない．(1.11) が表す運動は，各点が，同位相で振動する，振幅 $2a\sin(2\pi x/\lambda)$，角振動数 ω の単振動，つまり定常波である．また，その腹と節の位置は (1.11) から

$$\text{腹：}\quad \sin\left(\frac{2\pi}{\lambda}x\right) = \pm 1 \qquad \therefore\quad x = -\frac{\lambda}{4}(2n+1) \tag{1.12}$$

$$\text{節：}\quad \sin\left(\frac{2\pi}{\lambda}x\right) = 0 \qquad \therefore\quad x = -\frac{\lambda n}{2} \tag{1.13}$$

と求められる．ただし，$n = 0, 1, 2, 3, \cdots$ である．

正弦波が自由端に入射する場合も，同様にして，入射波と反射波の重ね合わせによる定常波ができる．自由端による反射波は，

$$y_2(x,t) = f(-x-vt) = -a\sin(kx+\omega t) \tag{1.14}$$

であるから（例題 1.1），入射波と反射波の合成波は

$$\begin{aligned} y(x,t) &= a\{\sin(kx-\omega t)-\sin(kx+\omega t)\} \\ &= -2a\cos kx\sin\omega t = -2a\cos\left(\frac{2\pi}{\lambda}x\right)\sin\omega t \end{aligned} \tag{1.15}$$

となる．これは，腹と節がそれぞれ，

$$\text{腹：}\quad \cos\left(\frac{2\pi}{\lambda}x\right) = \pm 1 \qquad \therefore\quad x = -\frac{\lambda n}{2} \tag{1.16}$$

$$\text{節：}\quad \cos\left(\frac{2\pi}{\lambda}x\right) = 0 \qquad \therefore\quad x = -\frac{\lambda}{4}(2n+1) \tag{1.17}$$

の位置に現れる定常波である．

弦の固有振動

ギターに張った弦のような両端が固定されている弦に生じる波を調べてみよう．いま，弦の中点付近を指ではじくと，弦の振動が横波となって両側に伝わり，両端で反射されて弦の上を往復する．この場合，弦の端は固定されているので，1.2 節でみたように，波は反射されるたびに波形の上下と左右が反転される（あるいは位相が π ずれる）．したがって，ちょうど1往復したとき，波形が元の波に一致すれば，すなわち位相がもとの波に一致すれば，弦上には両端を節とした定常波ができる．このような，弦に生じる定常波の振動を**弦の固有振動**という（図 1.8）．しかし，一般には1往復した波の位相はもとの波とは一致していないので，弦上には反射されるたびに生じた位相の異なる多数の波が現れることになるが，結局それらは互いに打ち消し合ってしまう．

固有振動が生じるためには，弦の長さ L に対して波の波長 λ が

$$\lambda = \frac{2L}{n} \quad (n = 1,\ 2,\ 3,\ \cdots) \tag{1.18}$$

の関係にあればよい．これは (1.11) において $y(-L, t) = 0$ という条件を付けることによって導かれる．図 1.8 において $n = 2$，$n = 3$ の固有振動を起

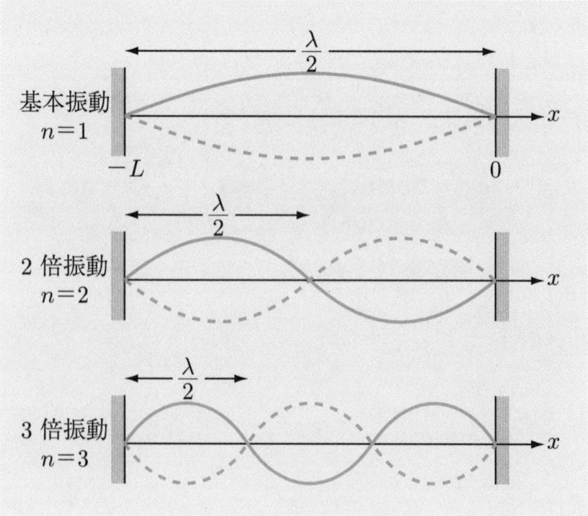

図 1.8　弦の固有振動

こすには，弦の端からそれぞれ，1/2，1/3 の点を指で押さえて，その点と近い方の端との中点を指ではじけばよい．

$n=1$，すなわち $\lambda=2L$ の固有振動を**基本振動**といい，$n=2$，$\lambda=L$ の振動を **2 倍振動**，$n=3$，$\lambda=2L/3$ の振動を **3 倍振動**と呼ぶ．基本振動以外の振動は**倍振動**と呼ばれる．また，これらの固有振動によって生じる音を，**基本音**，**2 倍音**，**3 倍音**と呼び，基本音以外を**倍音**いう．

1.4 群速度と位相速度

これまでは，終端における反射の場合にみられるような，波長 λ と，速さ v と振幅 a が等しく，互いに反対向きに進む 2 つの波の合成波を調べてきた．この節では，波長と速さはわずかに異なるが，振幅が等しく，同じ向きに進む 2 つの正弦波の合成を考えてみよう．

搬送波と変調波

波長と速さの異なる 2 つの正弦波は次式で表される．

$$y_1 = a\sin\{(k+\Delta k)x-(\omega+\Delta\omega)t\} \tag{1.19}$$

$$y_2 = a\sin\{(k-\Delta k)x-(\omega-\Delta\omega)t\} \tag{1.20}$$

ただし，それぞれの波の固有の速度は，

$$v_1 = \frac{\omega+\Delta\omega}{k+\Delta k}, \quad v_2 = \frac{\omega-\Delta\omega}{k-\Delta k} \tag{1.21}$$

である．そこで，この 2 つの波を重ね合わせると，

$$y = y_1 + y_2 = 2a\cos(\Delta kx-\Delta\omega t)\sin(kx-\omega t) \tag{1.22}$$

が得られる．これは，Δk と $\Delta\omega$ が小さければ図 1.9 のようになり，速く振動する波長の短い正弦波 $\sin(kx-\omega t)$ の振幅が，$\cos(\Delta kx-\Delta\omega t)$ に比例してゆっくり変調されている波である．この波長の短い正弦波を**搬送波**という．また搬送波の振幅自身がゆっくり変動しながら伝わる波長の長い波を**変調波**と呼ぶ．

位相速度と群速度

図 1.9 で示される波では，搬送波の包絡線は搬送波に固定されていない．したがって，(1.22) で与えられる合成波には，搬送波が伝播する速度と，その包絡線が伝播する速度の，2 つの固有の速度が定義できる．前者は**位相速度**と呼ばれ，2 つの波の平均の波数と平均の角振動数をもつ波の速度で

$$v = \frac{\omega}{k} \tag{1.23}$$

で与えられる．これまで扱ってきた波の速度はこの位相速度にあたる．これに対して，変調波が伝播する速度は**群速度**と呼ばれ

$$v_g = \frac{\Delta\omega}{\Delta k} \tag{1.24}$$

で与えられる．

図 1.9 からわかるように，群速度は振幅が激しく振動しているところ，つまりエネルギーが貯まっている場所が移動する速度でもある．したがって，群速度はエネルギーが伝わる速さであると考えられる．

一般に媒質中を伝わる波は，角振動数が波数に依存している．このことを**波の分散**という．このような分散のある波の合成波の群速度は

$$v_g = \frac{d\omega}{dk} \tag{1.25}$$

となる．

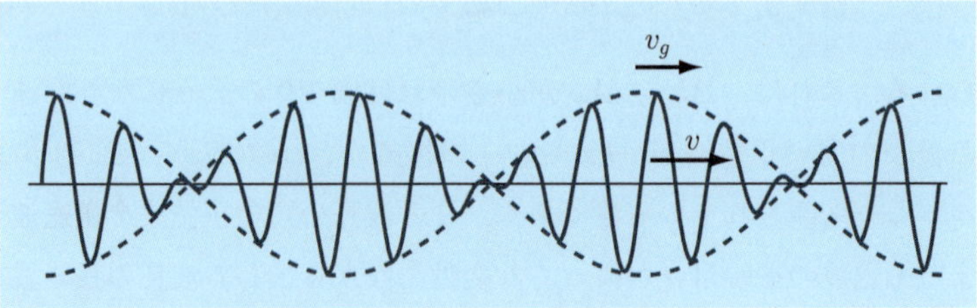

図 1.9　位相速度と群速度

第1章例題

例題 1.1 **自由端による反射波**

(1) ロープや弦の終端を自由端にするには，図 1.10 のように弦に垂直な方向を向けて棒を固定し，それに質量が無視できる摩擦の無い輪を掛けて，その輪に弦を結びつければよい．このとき棒が弦に及ぼす力を考えて，自由端における弦の傾きがいつも 0 であることを導け．

(2) ロープ上 $(x < 0)$ を終端に向かって伝わる進行波

$$y_1 = f(x - vt)$$

が，自由端 $(x = 0)$ で反射されるときの反射波を求めよ．

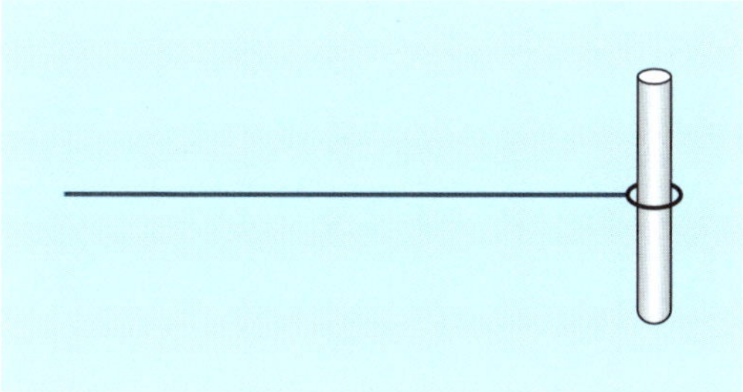

図 1.10

解答 (1) 摩擦が無いので，棒は弦に対して棒に平行な力を及ぼすことができない．したがって，棒が弦に及ぼす力は，弦が棒に及ぼす張力の反作用力であるが，これは棒に垂直な力でなければならない．そのためには，自由端では弦はつねに棒に対して垂直（つまり傾きが 0）になっていなければならない．

(2) 固定端による反射波を調べたときと同様に，ロープを伝わる波の波動関数を

$$y(x, t) = f(x - vt) + g(x + vt)$$

とおく．(1) で求めたように，自由端では任意の時刻においてロープの接線の勾配が 0 になる．したがって，$y(x, t)$ にこの自由端の境界条件

$$\frac{\partial y}{\partial x} = 0$$

を適用すると，反射波は

$$g(x + vt) = f(-x - vt)$$

と得られる．これは入射波の波形を左右反転したものである．

例題 1.2　**うなり**

振動数がわずかに異なる2つの音叉を同時にたたくと，それぞれの音が別々に聞こえるのではなく，2つの音（振動数 ν_1，ν_2）の平均の振動数 $\nu_{\mathrm{AV}} = (\nu_1 + \nu_2)/2$ の音が聞こえ，しかも音の強さが大きくなったり小さくなったりする．この現象はうなりと呼ばれる．うなりが生じる理由を数学的に説明し，1秒間の間に起こるうなりの回数を求めよ．

解答　簡単のために，振動数がそれぞれ ν_1，ν_2 の2つの音波が，$x = 0$ の位置にやってきたとしよう．それぞれの音波は

$$y_1 = a \sin 2\pi\nu_1 t, \quad y_2 = a \sin 2\pi\nu_2 t$$

と表される．したがって，2つの音を聞く耳の鼓膜は

$$y = y_1 + y_2 = a(\sin 2\pi\nu_1 t + \sin 2\pi\nu_2)$$

に比例して振動する．これは三角関数の関係

$$\sin a + \sin b = 2 \sin \frac{a+b}{2} \cos \frac{a-b}{2}$$

を使うと

$$y = \left\{ 2a \cos \left[2\pi \left(\frac{\nu_1 - \nu_2}{2} \right) t \right] \right\} \sin 2\pi\nu_{\mathrm{AV}} t$$

と表される．これは ν_{AV} で振動する波 $\sin 2\pi\nu_{\mathrm{AV}} t$ の振幅が，振動数 $(\nu_1 - \nu_2)/2$ で変動することを表している（図 1.11）．うなりの音が最大になるのは，$\cos[\pi(\nu_1 - \nu_2)t]$ が1か -1 のときなので，うなりは振幅の変化の1周期の間に2回ある．したがって，1秒間に聞こえるうなりの回数は

$$n = |\nu_1 - \nu_2|$$

となる．

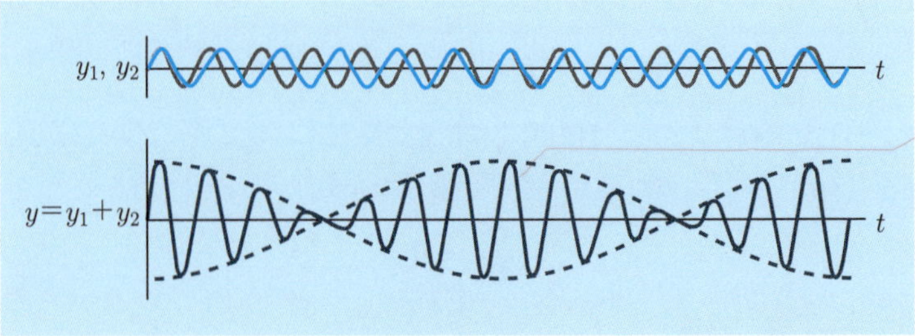

図 1.11

例題 1.3　　**気柱の固有振動**

パイプ（管）の中を音波が伝わると，音波は両端で反射されて管内を往復し，管内に定常波が生じる．この場合，管の閉じている端（閉端）では，空気は管の方向に振動できないので固定端になり，定常波の節になる．また，開いている端（開端）では，空気は自由に運動できるので自由端になり，定常波の腹になる．ただし，実際には，気柱の定常波の腹の位置は，開端より少し外側へ出ている．このずれ Δl は，細い管の場合は管の内半径 a に比例し，近似的に $\Delta l \approx 0.6a$ で与えられる．そこで，このずれを補正することを**開口端補正**という．また，一方の端が閉じている管を**閉管**，両方が開いている管を**開管**という．

長さ 1.8 m，内半径 5.0 cm の閉管に生じる音波の定常波の波長と振動数（周波数）を求めよ．

解答　開口端補正された管の長さを l とすると，管内には図 1.12 のような音波の定常波が生じる．したがって，管内には 1/4 波長が奇数個入ることができる．すなわち，可能な波長は

$$\lambda = 4l/(2n-1)$$

である．ただし，$n = 1, 2, 3, \cdots$ である．ここで，$l = 1.83\,\mathrm{m}$ とおくと，

$$\lambda = 7.32\,\mathrm{m},\ 2.44\,\mathrm{m},\ 1.46\,\mathrm{m},\ 1.05\,\mathrm{m},\ \cdots$$

と得られる．また，音速を v とすると，音波の振動数 f は

$$f = \frac{v}{\lambda} = [(2n-1)/4l]v$$

で表される．そこで，$v = 340\,\mathrm{m/s}$ とすると，音波の振動数は

$$f = 46.4\,\mathrm{Hz},\quad 139\,\mathrm{Hz},\quad 232\,\mathrm{Hz},\quad 325\,\mathrm{Hz},\quad \cdots$$

となる．

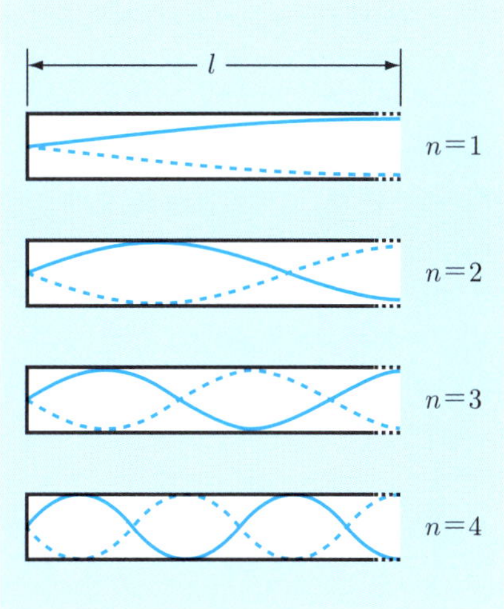

図 1.12

第 1 章演習問題

［1］　図 1.13(a), (b) のように，直線上を 2 つのパルス波が互いに逆向きに進んでいる．それぞれの場合について，1.5 秒後，2 秒後，2.5 秒の波形を描け．

［2］　図 1.14 のように，ロープを伝わる横波が固定端で反射されたときの反射波の波形を描き，その特徴を述べよ．また，ロープの終端が自由端の場合はどうなるか．

［3］　媒質中を x の正の方向に進む縦波の変位が

$$y = a\sin(kx - \omega t)$$

で表されるものとする．この縦波が固定端または自由端で反射されるとき，密度の位相はどのように変化するか．

［4］　x 方向に速さ v で進む，振幅が等しく，波長がわずかに異なる 2 つの正弦波

$$y_1 = a\sin\left\{\frac{2\pi}{\lambda_1}(x - vt)\right\}, \quad y_2 = a\sin\left\{\frac{2\pi}{\lambda_2}(x - vt)\right\}$$

の合成波を求めよ．

［5］　20°C のとき 880 Hz の音を出す 2 本のオルガンパイプがある．いま，片方のパイプの温度を 21°C にして，2 本のパイプを同時に鳴らした．このとき聞こえるうなりの回数は 1 秒間に何回か．ただし，パイプの熱膨張は無視できるものとし，温度 t°C のときの音速は $331.5 + 0.61t$ m/s とする．

［6］　もしも，可聴音の振動数範囲がそのままで，空気中の音速の値が，現実よりも 10 倍速かったとしたら，管楽器はどのようなものになるだろうか．

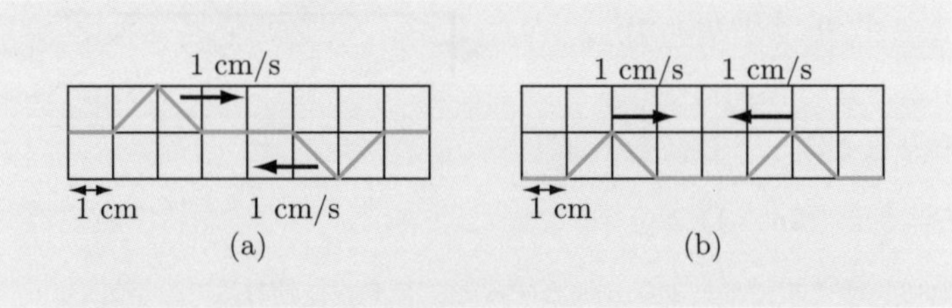

図 1.13

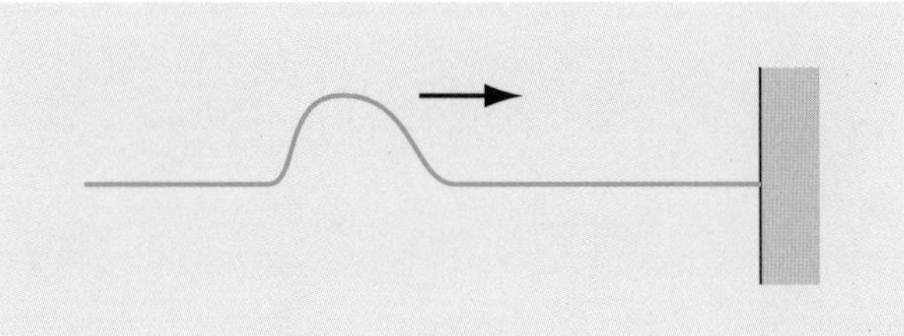

図 1.14

第2章

波の伝わり方
ホイヘンスの原理

クリスティアーン・ホイヘンス（Christiaan Huygens；1629～1695）

本章の内容

2.1　2次元波

前章では，直線上を進む1次元波が示す諸々の性質は，重ね合わせの原理（つまり波には重ね合わせることができる性質がある）によって，すべて説明されることをみてきた．この章では，空間内を伝播する波，とくに2次元波について，その伝わり方の特徴を調べてみる．

空間を波が伝わっていくとき，位相が同じ点を連ねてできる面を**波面**という．波面が平面の波は**平面波**，波面が球面の波は**球面波**と呼ばれる．水波のように，1つの平面内を伝播する2次元波の場合は，波面は曲線になる．水波の波面を観察するには，**水波投影器**（リップルタンク）を使うと便利である．これは，底がガラス板でできた平らな水槽を，床から数10 cmの高さに水平に固定し，それに深さ0.5～1.0 cmくらいまで水を入れて，上から電球などで光を照射し，床または床に置かれたスクリーン上に波の像を投影する実験装置である．波の山は凸レンズの作用をするので電球からの光を集め，波の谷は凹レンズの作用をするので光を発散させる．したがって，山はスクリーン上では明るい帯にみえ，谷は暗くなる．図2.1(a)は，水面に接するように置いた棒を振動させたときに，水槽をよぎって進む周期的な直線波の像であり，図(b)は水面の1点を周期的に叩いたときにできる円形波の像である．

(a)　直線波

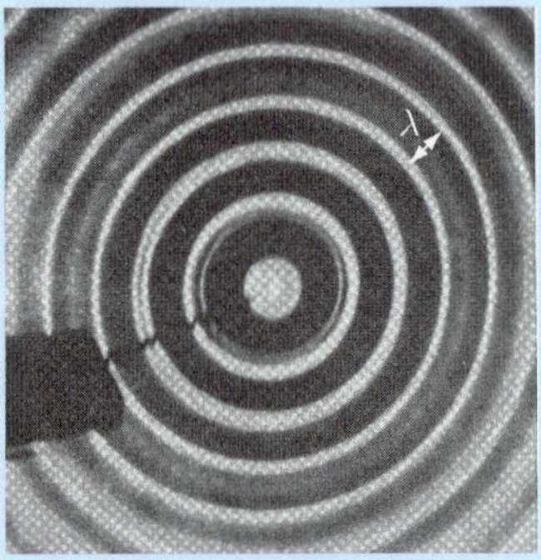

(b)　円形波

図2.1　水波の波面

（**Educational Services Inc.** 著 山内恭彦他訳『**PSSC** 物理上 第**2**版』岩波書店より）

2 次元波（水面波）の反射と屈折

波の伝播速度は，（第 3 章で述べるように）波の伝わる媒質の性質によって決まる．水の表面を伝わる水波の場合は，その速さは水の深さによって変わり，浅いほど速さは小さくなる．そこで，前述のリップルタンクの底に厚いガラス板を沈めて，水槽を深さの異なる 2 つの領域に分け，深い方を領域 1，浅い方を領域 2 とする．いま，その境界面（線）が平面波（直線波）に対して斜めになるようにして，その境界面を平面波が領域 1 から領域 2 へ横切るときに起こる，波の屈折と反射を考えてみよう．

まず，境界面を越えて平面波が領域 1 から 2 へ進入する場合を考える．波が境界面で連続しているためには，境界の両側で波の位相と振動数が等しくなければならないから，2 つの領域の伝播速度 v_1, v_2，振動数 ν_1, ν_2 波長 λ_1, λ_2 の間には

$$v_1 > v_2, \quad \nu_1 = \nu_2, \quad \lambda_1 > \lambda_2 \tag{2.1}$$

の関係が成り立っている．そこで，図 2.2 において，同一波面上の 2 点 A, O′ に着目してみよう．これらの 2 点は 1 周期たつと，それぞれ O，B まで進む．したがって，2 つの三角形 ΔAO′O, ΔBOO′ において，

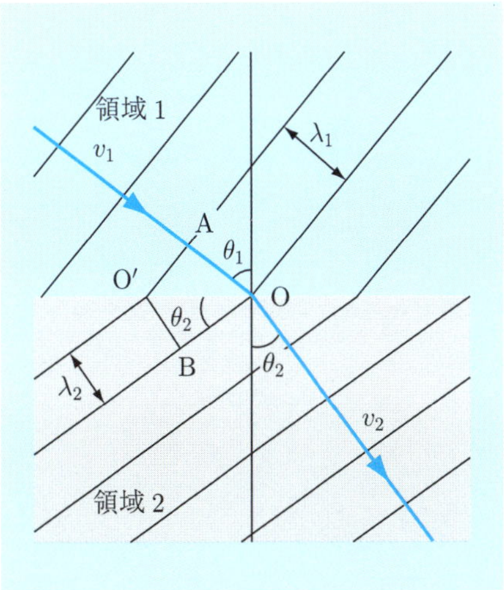

図 2.2　水波の屈折

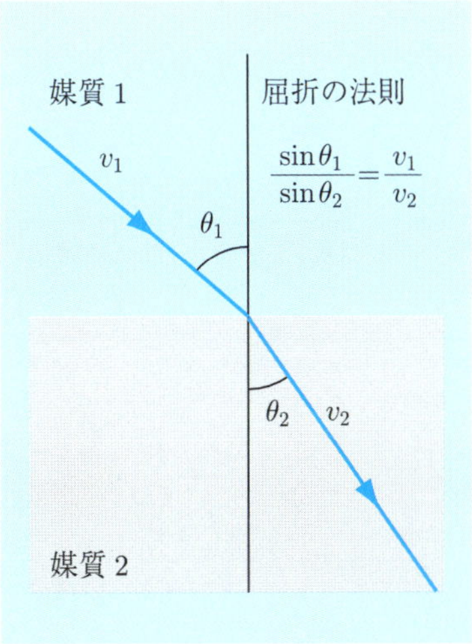

図 2.3　屈折の法則

$$\mathrm{OO'} = \frac{\lambda_1}{\sin\theta_1} = \frac{\lambda_2}{\sin\theta_2} \tag{2.2}$$

が成り立つ．ただし，θ_1 は境界面に対する入射角，θ_2 は屈折である．(2.2) から，よく知られた**屈折の法則**

$$\frac{\sin\theta_1}{\sin\theta_2} = \frac{\lambda_1}{\lambda_2} = \frac{v_1}{v_2} \tag{2.3}$$

が得られる（図 2.3）．

一般に境界面に到達した波は，一部は屈折して透過波となるが，また一部は反射して反射波となる．反射の場合，波は常に領域 1 にだけ存在するので，入射波と反射波の振動数および波長はともに等しい．この場合も，図 2.4 において，同一波面上にある 2 点 A，O′ に注目してみる．これらの 2 点は 1 周期の後には，それぞれ O，B まで進むが，その際進んだ距離は等しいはずである．したがって，そこにできる 2 つの直角三角形 $\Delta\mathrm{AOO'}$ と $\Delta\mathrm{BOO'}$ の 3 辺はそれぞれ等しくなり，境界面での入射角と反射角をそれぞれ θ_1 および θ_3 とおくと，

$$\mathrm{OO'}\sin\theta_1 = \mathrm{OO'}\sin\theta_3 \tag{2.4}$$

が成り立つ．これより**反射の法則**が

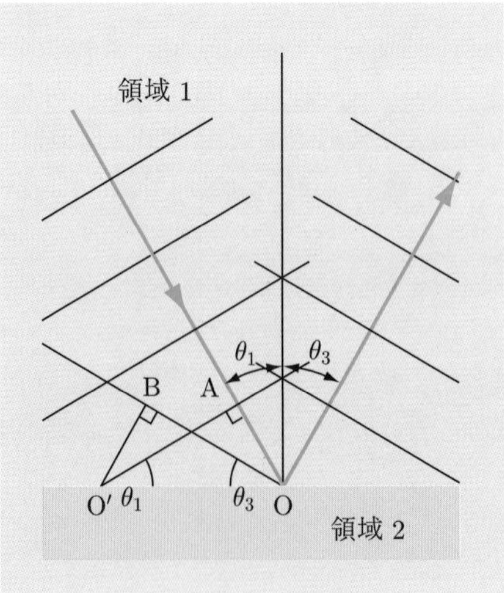

図 2.4 **水波の反射**

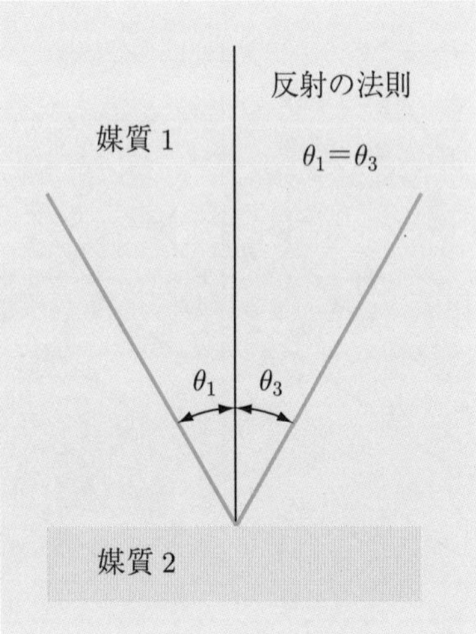

図 2.5 **反射の法則**

$$\theta_1 = \theta_3 \tag{2.5}$$

と得られる（図 2.5）．

水波の回折

リップルタンクで一定の波長の周期的な直線波をつくり，波の進行方向に垂直に置かれた 2 枚の障壁に向けて送り込む場合を考えよう．ただし，2 枚の障壁は 1 直線になるように置かれていて，障壁の間は波を通すように隙間が開けられているものとする．隙間を通り過ぎた波はそのまま直進するのではなく，図 2.6 のように，障壁の影の部分にも回り込む．この現象を**回折**という．

図 2.6　障壁の隙間を通り抜ける直線波
（Educational Services Inc. 著 山内恭彦他訳『PSSC 物理上 第 2 版』岩波書店より）

回折は波ではごく一般的に起こる現象であって，回折が起こることが，波の重要な特徴の 1 つでもある．われわれは音源がみえない場所でも音を聞くことができるが，それは，この回折現象によって音波が障害物の後ろにを回り込むためである．しかし，同じ波であっても，光は直進して，物体の明瞭な影をつくる．この水波や音波と光（光波）との違いは，実は波長の違いによっている．回折は物体や隙間のサイズが波長と同程度である場合には一般的に顕著にみられるが，光のように，波長がそれらに比べて極端に小さい場合には簡単に観察することはできない．

2.2　ホイヘンスの原理

波面

水面を広がる水波や，空気中を伝わる音（音波）は直線上を進むとは限らない．波はある媒質から他の媒質へ進むと，そこで屈折したり，反射したりする．また，障壁があると，後ろへ回り込むし，障壁に狭い隙間（スリット）や小さな孔が開けられていると，そこから先はスリットや孔が新たな波源となって広がっていく．このような波の多様な伝わり方を視覚的に捕らえるには，前節で述べた**波面**が有効である．

波面とは空間内の位相が同じ点を連ねてできる曲面として定義される．ここで，**位相**は，正弦的な波の場合には，sin の中の角度のことである．すでに述べたように，波面が平面の波を平面波，球面の波を球面波といい，2 次元波の場合は，面は曲線になるので，直線波，円形波という．また，2 次元波の波面には，通常波の山を連ねた曲線（リップルタンクで観察される白い線）が用いられる．したがって，直線波の波面は図 2.1(a) のように直線状の等間隔の縞になり，円形波のそれは図 (b) のように等間隔の同心円になる．その場合，縞の間隔がちょうど 1 波長にあたる．

波はつねに波面に垂直に伝わっていく．そこで波面に垂直な線を**射線**という．平面波の射線は波面上のすべての点で平行であり，球面波の射線は波源から放射状に伸びる直線群である．

媒質中を伝わっている波の振動数は，たとえ媒質が均質でなくても，場所

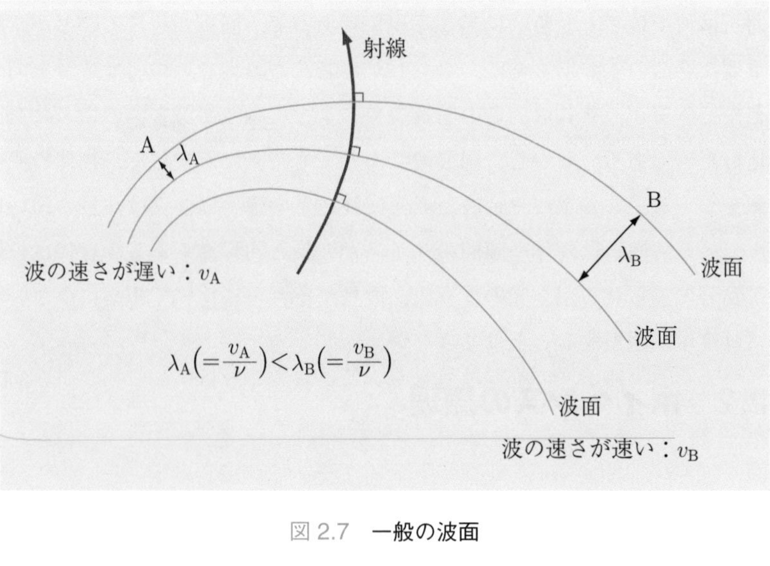

図 2.7 一般の波面

によらず一定である．しかし，波の伝わる速さの方は，一般には場所によって異なる．そのような場合は，当然波面は等間隔ではなくなり，平面や球面でもなくなって，射線は曲がることになる（図 2.7）．

ホイヘンスの原理

波の伝わり方を知るということは，時間とともに波面が変化していく過程を知ることである．平面波や球面波ならば，それは簡単に求めることができるが，障壁の隙間を通り抜けた後の水波の広がり方などはかなり込み入っており，どう考えたらよいかわからない．そこでホイヘンスは，ある時刻における波面が与えられたとき，それから時間 t だけ経過した後の波面を求める簡単な原理を発見した．これは**ホイヘンスの原理**と呼ばれ，一般に波の伝わり方を理解する上で，大変役立つ原理である．

ホイヘンスの原理は次のように述べることができる．

『空間を速さ v で伝わる波の，ある時刻 t における波面 S 上の各点は，それ自身が次の波をつくるための波源となって，無数の 2 次波（素元波）を送り出す．各素元波はそれぞれの波源を中心とした球面波であって，t から短い時間 $\varDelta t$ が経過したときは半径 $v\varDelta t$ の球面に達している．時刻 $t+\varDelta t$ における新しい波面 S′ は，波の進む前方で，これらの素元波の球面に共通に接する曲面（包絡面）となる．』

平面波は平面波として進み，球面波は球面波として進むことを，われわれは経験からよく知っている．これをホイヘンスの原理から導いてみよう．図 2.8 に示すように，速さ v で進む波を考えて，ある時刻におけるその波面 S が平面 (a) または球面 (b) だったとする．S 上の各点から生じた素元波は，時間 $\varDelta t$ が経過すると，それぞれ半径 $v\varDelta t$ の小球面に達するが，このとき，すべての素元波の球面上の位相は等しくなる．このことは，S が 1 つの波面であって，S 上の各点はすべて同位相にあることから明らかである．したがって，それらの小球面の包絡面である S′ 上の各点もまた同位相であり，包絡面 S′ はいま考えている波の，$\varDelta t$ 後の波面であることがわかる．図から，包絡面 S′ は，図 (a) では平面になり，図 (b) では球面となっており，平面波は平

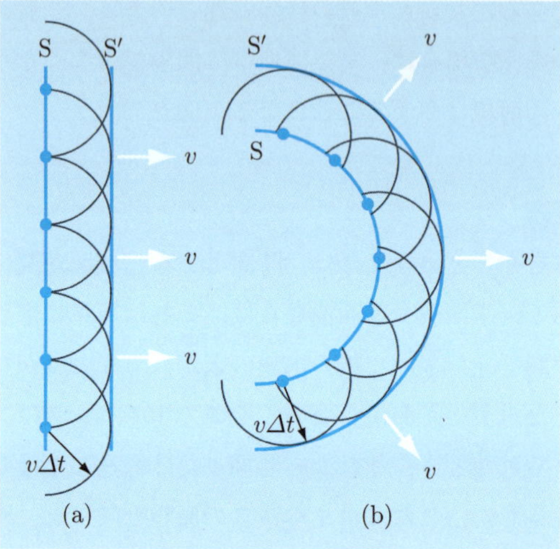

図 2.8 ホイヘンスの原理

面波として進み，球面波は球面波として進むというよく知られた結果が導かれる．また，2つの波面 S と S′ の距離は図 (a)，図 (b) いずれの場合も $v\Delta t$ であって，波面は速さ v で波面に垂直に進む．

このように，ホイヘンスの原理は，平面波や球面波の伝わり方を説明するには大変有効な原理である．しかし，図 2.8 では，素元波の波面の前方部分だけを描いたが，本来素元波はあらゆる方向に一様に伝わるはずである．したがって，ホイヘンスの原理では，実際に存在しない後退波が生じてしまう．この欠点は，後にフレネルによってとり除かれ，ホイヘンスの原理は，**ホイヘンス-フレネルの原理**として完成することになる．

2.3 波の反射と屈折

本章のはじめで述べた，2次元波の反射と屈折の法則を，ホイヘンスの原理を用いて，再検討してみよう．

波の反射

いま，図 2.9 に示すように，射線 PA の方向に進む平面波が2つの媒質の境界面 XX′ に入射して，そこで反射される場合を考える．ある瞬間に，入射

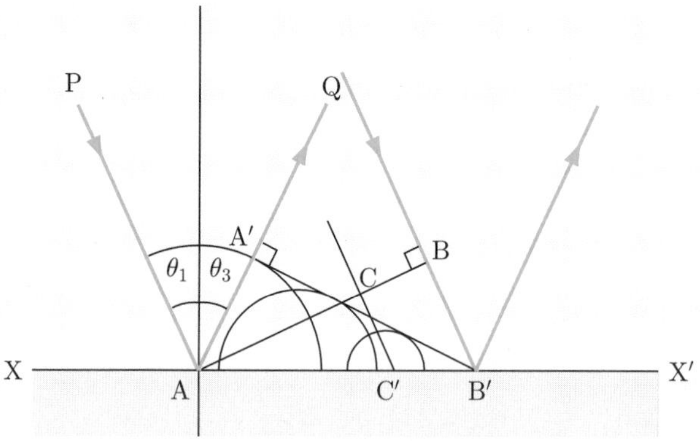

図 2.9　波の反射の説明

波の波面 AB 上の点 A が境界面に到達し，それから時間が Δt だけ経過したとき，同じ波面上の点 B が境界面上の B′ に達するものとする．A が境界面に達すると A から直ちに素元波がでるが，実はそのとき AB′ 上の各点からも素元波はでている．しかし，素元波の包絡面が新しい波面となるには，各素元波の球面上の位相がそろっていなければならない．たとえば境界面上の C′ から出る素元波の球面の位相が，先行して A から出ている素元波の球面の位相に一致しているためには，図で C が C′ に到達した瞬間に出る波だけである．したがって，AB′ 上の各点からでる位相が同じ素元波球面を描くと図のようになり，その包絡面 A′B′ が反射波の波面で，その射線は AQ となる．また，B が B′ に達したとき，A からでた素元波の球面の半径は BB′ の距離に等しく，波の速さを v とすると $v\Delta t$ であるから，2 つの三角形 ΔABB′ と ΔAA′B′ が合同であることがわかる．これから直ちに，反射の法則 (2.5)

$$\theta_1 = \theta_3$$

すなわち，

『境界線の法線，入射線，反射線は同一平面内にあって，入射角とと反射角は等しい．』

が導かれる．

波の屈折

こんどは，図 2.10 のように，射線 PA の方向に進む平面波が 2 つの媒質の境界面に入射し，媒質 1 から媒質 2 へ屈折していく場合を考える．波の速さは媒質 1 では v_1，媒質 2 では v_2 である．反射の場合と同様に，ある瞬間に，入射波の波面 AB 上の点 A が境界面に到達した後，時間 Δt が経過したとき，同じ波面上の点 B が境界面上の B′ に達し，A から媒質 2 に向かって生じた素元波の球面の半径 AA′ は $v_2 \Delta t$ になる．このとき，この球面と同位相であって，AB′ 上の各点から媒質 2 内に向かって出る素元波の包絡面 A′B′ が屈折波の波面で，その射線は AQ である．

また，図 2.10 から

$$\angle \mathrm{BAB'} = \theta_1 \quad (\text{入射角}), \qquad \angle \mathrm{AB'A'} = \theta_2 \quad (\text{屈折角})$$

であるから，

$$\mathrm{AB'} \sin\theta_1 = v_1 \Delta t = \mathrm{BB'}, \quad \mathrm{AB'} \sin\theta_2 = v_2 \Delta t = \mathrm{AA'}$$

これから，屈折の法則 (2.3)

$$\frac{\sin\theta_1}{\sin\theta_2} = \frac{v_1}{v_2}$$

が導かれる．すなわち，

『境界面の法線，入射線，屈折線は同一平面内にあって，入射角 θ_1 の sin と，屈折角 θ_2 の sin の比は，入射角によらないで一定である．』

となる．

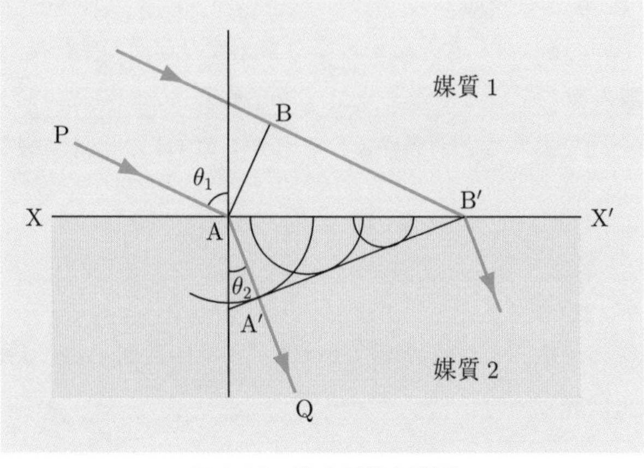

図 2.10　波の屈折の説明

2.4　波の干渉と回折

前章で述べたように，波には重ね合わせの原理が成り立つから，媒質内の任意の点 P に 2 つ（以上）の波が同時に到達したとき，媒質にはおのおのの波が別々にやってきたと考えたときの変位の和（ベクトル和）に等しい変位が起こる．したがって，2 つの波の山と山（あるいは谷と谷）が同時にやってくれば P での振動は強め合い，一方の波の山と谷が同時にやってくれば，P での振動は互いに打ち消されてしまう．このように，波が 1 点で強め合ったり，打ち消し合ったりする現象を**干渉**という．干渉は，一般に広くみられる波に特有の現象である．

光が“粒子”と“波動”の両方の性質をもっていることは，今日ではよく知られている．そして，光が波動性をもつことの根拠は，光がこの干渉の性質をもっていることである．光の干渉については第 II 部で述べられるので，ここでは，水波の干渉を取り上げる．

水面上の波の干渉

リップルタンクの水面に，細い棒 A, B を接近して立て，これを同時に上

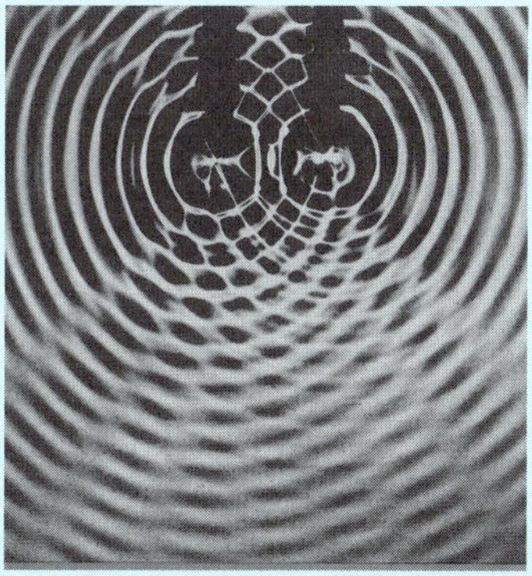

(a)

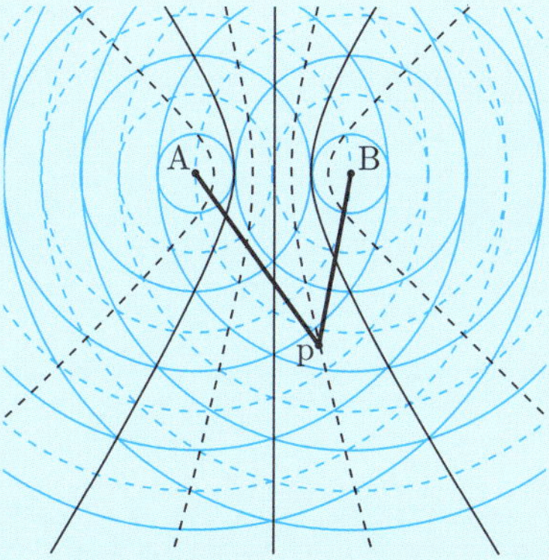

(b)

図 2.11　水波の干渉
（(a) は，Educational Services Inc. 著 山内恭彦他訳『PSSC 物理上 第 2 版』岩波書店より）

下に小さく振動させると，それぞれが波源となって，円形に広がる波をつくりだす．それぞれの波面は等間隔の同心円の輪となって広がるが，それらが重なり合うと図 2.11(a) に示すような1つの模様を形成する．これを**干渉模様**または**干渉パターン**という．

図 2.11(a) に現れた模様は，図 (b) のように，それぞれ A, B を中心とした等間隔の同心円群を描くことによって簡単に再現することができる．写真で白い円輪は波の山を連ねた波面である．また，波の谷を連ねた波面の輪は，ちょうど白い円輪と円輪との中間にある．そこで，図 (b) では，2つの円形波群のそれぞれの山の波面を実線の輪で，また谷の波面を点線の輪で描いてある．これらの円輪は，それぞれ A, B を中心に波の速さ v で広がっていく．したがって，波の1周期の間には輪の半径は波長 λ だけ大きくなる．つまり，いま1つの白い円輪に着目すると，1周期後には，ちょうど1つ外側の輪の位置にくる．

さて，図 2.11(a) の場合のように，同位相で A, B から発生させた円形波が重なり合ってできる干渉パターンを調べてみよう．写真で白い輪と白い輪の交点は山と山が重なり大きな山ができている場所である．そこで，それらの交点を結んでみると図 (b) の黒い実線群のようになる．同様に，谷の波面を連ねた点線の輪同士の交点もまた同じ曲線群上にくることがわかる．すなわち，これらの実線上の各点では，2つの波は，山と山，谷と谷というように位相差が 2π の整数倍になっている．いま，実線上の任意の点 P と波源 A, B との距離を l_A, l_B とすると，2つの波の P における位相は，それぞれ，

$$2\pi\left(\frac{l_A}{\lambda}-\frac{t}{T}\right),\quad 2\pi\left(\frac{l_B}{\lambda}-\frac{t}{T}\right)$$

で表されるから，位相差は

$$2\pi\left(\frac{l_A}{\lambda}-\frac{t}{T}\right)-2\pi\left(\frac{l_B}{\lambda}-\frac{t}{T}\right)=2n\pi$$

となる．したがって，山と山，谷と谷が重なるところは，曲線群

$$l_A - l_B = n\lambda \quad (n\text{ は整数}) \tag{2.6}$$

の上にあることがわかる．これらの曲線の各点では，山にしても谷にしても，振動の振幅は大きくなり，波は強め合うことになる．

一方，図 2.11(b) において，実線の輪と点線の輪との交点では，一方の波の山と他方の波の谷とが重なり，互いに打ち消し合っている．図で点線で描かれた曲線群が，そのような交点を連ねた曲線群である．これらの点線上の各点では，2 つの波の位相差は

$$2\pi\left(\frac{l_A}{\lambda}-\frac{t}{T}\right)-2\pi\left(\frac{l_B}{\lambda}-\frac{t}{T}\right)=(2n+1)\pi$$

となる．したがって，山と谷が重なるところは，曲線群

$$l_A-l_B=\left(n+\frac{1}{2}\right)\lambda \quad (n\text{ は整数}) \tag{2.7}$$

の上にある．これらの曲線上では，2 つの波は打ち消し合うため，水面は動かない．

波の回折

干渉とならんで波にごく一般的に見られる現象に回折がある．波は均一な媒質の中では直進するが，図 2.6 でみたように，障害物に開けられた狭い隙間を通り抜けるとき，そのまま直進するのではなく，幾何学的な影の部分にもある程度回り込む．このように，波は障害物に遭遇するとその背後に回り込む性質がある．すでに述べたようにこの性質を**波の回折**という．この性質のために，防波堤でさえぎっても，波はある程度防波堤の背後に回り込んでくるし，われわれはみえない音源からの音を聞くことができるのも，音波の回折のためである．

この波の回折現象も，ホイヘンスの原理によってうまく説明することができる． ふたたび水波に戻ろう．リップルタンクで直線波を発生させておいて，その射線に垂直に障壁を置いて波の一部を遮ると，波は障壁の影になる部分にも回り込むのが観察される（図 2.12(a)）．よくみると，この影の領域を伝播する波は，障壁の端を波源とした円形波になっている．

このような障壁の端で起こる波の回折現象を，ホイヘンスの原理によって説明すると次のようになる．図 2.12(b) のように，障壁の端を原点に取り，波面に平行に x 軸をとり，射線方向に y 軸をとる．まず，Oy の右側の領域を考えよう．ある時刻 t に到達した波の山の波面がちょうど Ox 上にあったと

する．すでに述べたように，ホイヘンスの原理によれば，この波面は1周期 $(t+T)$ には AB の位置にくる．すなわち，このとき AB 上では，Ox 上の各点から出た素元波が干渉の結果強め合い，この部分の水位が最も高く（つまり山に）なっている．

一方，Oy の左側の領域では，x 軸上の O の左側には素元波の波源がない．そのため，右側の場合と違って，Ox 上の各点から出る素元波が干渉し強め合って作られる波面は，y 方向を射線とする直線波ではなく，O を波源とする円形波となる．これが円形波となることは，次のように考えればよい．

O を波源とする円形波は，Oy を中心に左右対称に広がる．しかし，右側の円弧（図で AC）の部分の各点では，円形波は Ox 上の各点から出る素元波と干渉して打ち消されてしまう．これに対して左側の円弧（図で AD）上の各点では，そのような干渉によって打ち消されることはない．こうして，障壁の影の領域も，この（4分の1の）円形波が伝播することになる．

回折は，波が障害物や孔にぶつかるときに生じるが，その回折の程度（障害物の影の領域へ回り込みや孔を通過した際の広がりの程度）は波の波長によって異なり，障害物や孔のサイズに比べて波長が余り小さいときは起こらない．したがって，同じ波でも，光は日常の身の周りの物体に比べて波長が非常に短いため，普通は回折は観測されず，光は鋭い影を作り，直進するようにみえる．光の回折についても第II部で詳しく述べる．

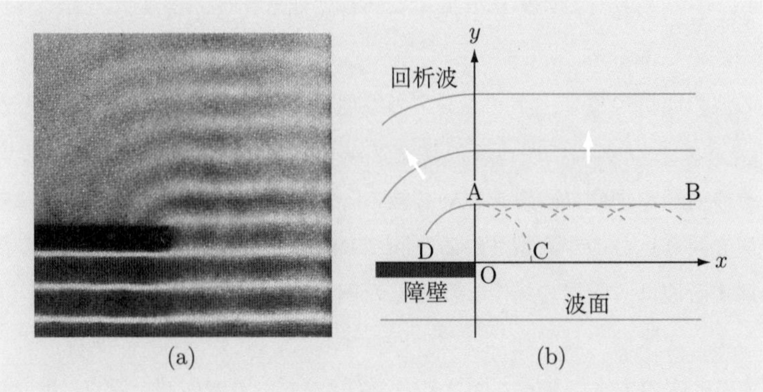

図 2.12 **障壁の端で起こる波の回折**

（**(a)** は，**G.Holton** 他著 渡邊正雄他訳『プロジェクト物理 **3**』コロナ社 より）

第2章例題

例題 2.1 **水波の干渉**

水面上で 2 つの点状波源 A，B から円形波が広がっている（図 2.11 参照）とき，2 つの波が干渉して強め合う点，および弱め合う点をそれぞれ結ぶときに得られる曲線の方程式を求めよ．ただし，波源の間隔は l，円形波の波長は λ で，波源での 2 つの波の位相は等しいものとする．

解答 2 つの波源の中点に原点をとり，図 2.13 のように x 軸，y 軸をとる．点 P の座標を (x, y) とすると，P と 2 つの波源との距離 l_A, l_B は，

$$l_A = \sqrt{\left(x + \frac{l}{2}\right)^2 + y^2}$$

$$l_B = \sqrt{\left(x - \frac{l}{2}\right)^2 + y^2}$$

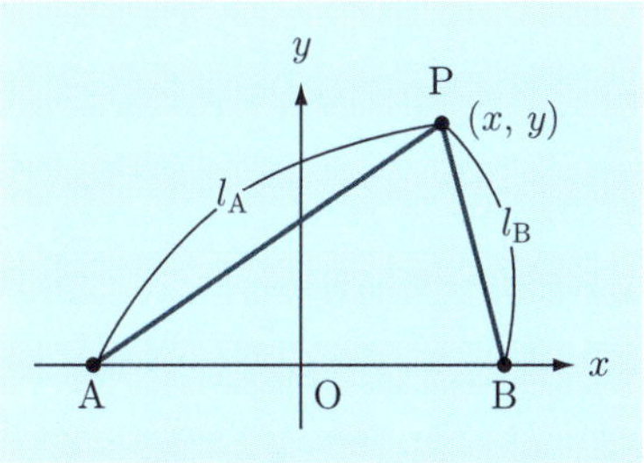

図 2.13

と表される．2 つの円形波が強め合う条件は $l_A - l_B = n\lambda$ で与えられるから，これに l_A, l_B を代入すると，

$$\sqrt{\left(x + \frac{l}{2}\right)^2 + y^2} = \sqrt{\left(x - \frac{l}{2}\right)^2 + y^2} + n\lambda \tag{2.8}$$

となる．(2.8) の両辺を 2 乗して整理すると，

$$2lx - (n\lambda)^2 = 2n\lambda\sqrt{\left(x - \frac{l}{2}\right)^2 + y^2}$$

これの両辺をさらに 2 乗して整理すると，

$$4\left\{l^2 - (n\lambda)^2\right\}x^2 - 4(n\lambda y)^2 = (n\lambda)^2\left\{l^2 - (n\lambda)^2\right\}$$

が得られる．これは，$n\lambda = \pm l$ のときは $y = 0$，$n = 0$ のときは $x = 0$ となる直線を表し，それ以外のときは双曲線となる．

$$\frac{x^2}{(n\lambda)^2/4} - \frac{y^2}{\{l^2 - (n\lambda)^2\}/4} = 1 \tag{2.9}$$

打ち消し合う場合は，(2.8) から，(2.9) で $n \to n + 1/2$ と置き換えればよい．

例題 2.2 **スリットによる平面波の回折**

リップルタンクの水面に直線波（平面波）を発生させ，その進行方向と垂直に障壁を置いて波の進行をさえぎる．いま，この障壁に隙間（スリット）を開けておくと波はスリットを通り抜けるが，その際，波は直進せず，一部はスリットの影の領域にまで回り込む．この回折現象は，波長がスリット幅に比べて長いほど顕著に現れる．このことをホイヘンスの原理を用いて説明せよ．

解説 いま，同じ幅 l のスリットをそれより長い波長 $(\lambda = 2l)$ と短い波長 $(\lambda = l/2)$ の平面波が通り抜ける場合を考えよう．ホイヘンスの原理によれば，スリットを通過したあとの波は，スリットの各点から出る円形波の重ねになる．そこで，簡単のために，スリットの両端と中央からでる3種類の円形波の重ね合わせを調べてみる．図2.14で，(a), (b) は，それぞれ $\lambda = 2l$ および $\lambda = l/2$ の場合について描いたもので，実線は波の山を表し，点線は谷を表す．図から明らかように，波長が長い場合は，3点から出た波の重なりが少なく，透過波はスリットの中央から出る円形波に近い波になり，スリットの影の部分にも回り込む．しかし，波長が短い場合は，正面からわずかにそれると，山と谷が重なり干渉が起って打ち消されてしまい，影の領域へはほとんど回り込まない．すなわち，回折はほとんど起こらない．

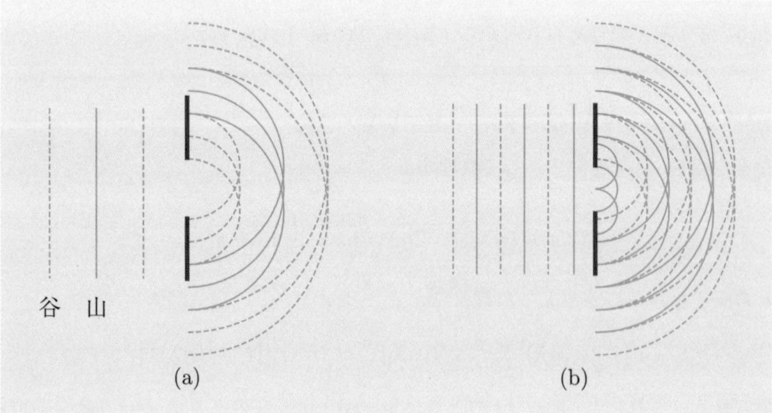

図 2.14

例題 2.3 **動く媒質への屈折**

静止している媒質1に対して，媒質2はその境界面に沿って一定の速さ v で運動している．いま，媒質1から媒質2へ進む平面波を考え，境界面での入射角 θ_1 と屈折角 θ_2 との間に成り立つ屈折の法則を導け．ただし，媒質1および媒質2の中での波の速さは，それぞれ v_1, v_2 で，入射波の射線，境界面の法線，媒質2の運動の方向は同一平面にあるものとする．

解答 図2.15のように，入射波のある時刻における波面 AA' が，時間 Δt が経過すると BB' の位置に移ったとする．このとき A から出た素元波は，A から $v\Delta t$ だけ B' に寄った点 C を中心とする半径 $v_2\Delta t$ の円上に到達している．したがって，屈折波の波面は，B' からこの円に引いた接線となる．ここで，

$$A'B' = v_1\Delta t = AB'\sin\theta_1$$

$$CB = v_2\Delta t = CB'\sin\theta_2 = (AB' - v\Delta t)\sin\theta_2$$

となる．これより，入射角 θ_1 と屈折角 θ_2 との間には，

$$\frac{v_1}{\sin\theta_1} = \frac{v_2}{\sin\theta_2} + v$$

の関係が成り立つことがわかる．

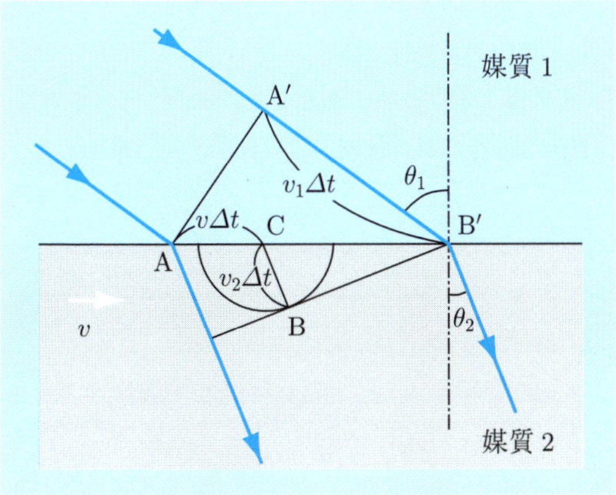

図 2.15

第2章演習問題

[1] **(海岸の波)** 風のない静かな日，浅瀬の海岸に打ち寄せる波は，岸に近づくにつれて海岸に平行になる．この現象をホイヘンス原理を使って説明せよ．ただし浅瀬を伝わる水波の速さは，海の深さが深いほど速い．

[2] 波が媒質1から媒質2へ入射するときの**屈折率** n_{12} は，入射角を θ_1，屈折角を θ_2 とすると，

$$n_{12} = \frac{\sin\theta_1}{\sin\theta_2}$$

で定義される．波が逆に媒質2から媒質1へ進むときの屈折率 n_{21} はどのように表されるか．

[3] **(全反射)** 波が，媒質1側から，媒質2との境界面に入射するとき，媒質2側へ進入するためには，入射角 θ_1 はどのような条件を満たさなければならないか．

[4] リップルタンクの水槽の底に段差をつけて，水深が 8 cm の深い領域（領域1）と，水深が 5 cm の浅い領域（領域2）をつくる．いま，平面波（直線波）が領域1から領域2へ，境界線に対して入射角 40° で進むときの屈折角を求めよ．ただし，水の表面波の速さ v は，水深を h とすると，$v \propto \sqrt{h}$ と表されるものとする．

[5] 水面上を円形に広がる波が平らな壁にぶつかるとき，反射波はどのようになるか．ホイヘンスの原理を用いて説明せよ．

[6] **(衝撃波)** 媒質の中を伝わる波の速さが v であるとして，波源が v よりも大きい速さ c で媒質中を動くとき，波面は波源を頂点とする円錐面になることを示せ．この波面は大きなエネルギーをもって伝わるので，障害物にぶつかると大きな衝撃を与えるため**衝撃波**と呼ばれる．

第3章

波のエネルギー

波動方程式

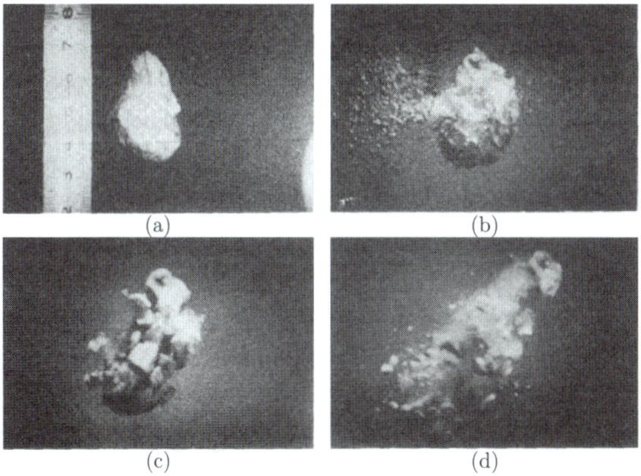

衝撃波による結石の破砕

（高山和喜『衝撃波のおはなし』日本規格協会 より）

本章の内容

3.1 波動方程式

簡単のために，この章でも1次元波を考えよう．第0章で学んだように，x 方向に速さ v で伝わる1次元波は，一般に

$$y = f(x - vt) + g(x + vt) \tag{3.1}$$

で表される．ここで，$y(x,t)$ は媒質の変位であって，その方向は横波ならば x に垂直，縦波ならば平行である．この章では，まず，この (3.1) が解となる微分方程式を探す．そのような微分方程式は，媒質の運動，つまり波が従う運動方程式であって，**波動方程式**と呼ばれる．

波動方程式

(3.1) で与えられる変位 $y(x,t)$ は，次の偏微分方程式を満たす．

$$\frac{\partial^2 y}{\partial t^2} = v^2 \frac{\partial^2 y}{\partial x^2} \tag{3.2}$$

ここで，$\partial y/\partial t$，$\partial y/\partial x$ は**偏微分**と呼ばれ，それぞれ，t および x 以外の変数は定数とみなして，$y(x,t)$ を t および x だけについて微分することを意味している．

(3.1) が (3.2) を満たす解であることを示すには，代入してみればよい．$y(x,t)$ の t に関する1階および2階偏微分は，まず，$\xi = x - vt, \eta = x + vt$ と置いて，次のようにして求められる．

$$\frac{\partial y}{\partial t} = \frac{\partial y}{\partial \xi}\frac{\partial \xi}{\partial t} + \frac{\partial y}{\partial \eta}\frac{\partial \eta}{\partial t} = -v\left(\frac{df}{d\xi} - \frac{dg}{d\eta}\right)$$
$$\frac{\partial^2 y}{\partial t^2} = -v\left(\frac{d^2 f}{d\xi^2}\frac{\partial \xi}{\partial t} - \frac{d^2 g}{d\eta^2}\frac{\partial \eta}{\partial t}\right) = v^2\left(\frac{d^2 f}{d\xi^2} + \frac{d^2 g}{d\eta^2}\right)$$

同様に $y(x,t)$ の x に関する1階および2階偏微分も，それぞれ，

$$\frac{\partial y}{\partial x} = \frac{\partial y}{\partial \xi}\frac{\partial \xi}{\partial x} + \frac{\partial y}{\partial \eta}\frac{\partial \eta}{\partial x} = \left(\frac{df}{d\xi} + \frac{dg}{d\eta}\right)$$
$$\frac{\partial^2 y}{\partial x^2} = \left(\frac{d^2 f}{d\xi^2}\frac{\partial \xi}{\partial x} + \frac{d^2 g}{d\eta^2}\frac{\partial \eta}{\partial x}\right) = \left(\frac{d^2 f}{d\xi^2} + \frac{d^2 g}{d\eta^2}\right)$$

と得られる．すなわち，(3.1) を代入した (3.2) の両辺は等しくなる．このよ

うにして，(3.1) が偏微分方程式 (3.2) を満たす解になっていることが確かめられる．一般に (3.2) の形をした偏微分方程式は**波動方程式**と呼ばれる．(3.2) の v^2 の意味については以下で次第に明らかになる．

弦の波動方程式

媒質（物質）中を伝わる力学的な波動の場合には，波動方程式 (3.2) は，媒質を微小な部分の集合体と考えたときの，各微小部分に関するニュートンの運動方程式にほかならない．このことを弦を伝わる横波について示してみよう．

強く張った弦の一部に，これと垂直方向の変形を与えると，横波が弦を伝わる．これは，弦が変形すると，各微小部分には，隣接する両側からの張力によって変位をもとに戻そうと復元力がはたらくためである．そこで，図 3.1 のように弦の微小部分を考えて，この部分に対する運動方程式をたててみよう．

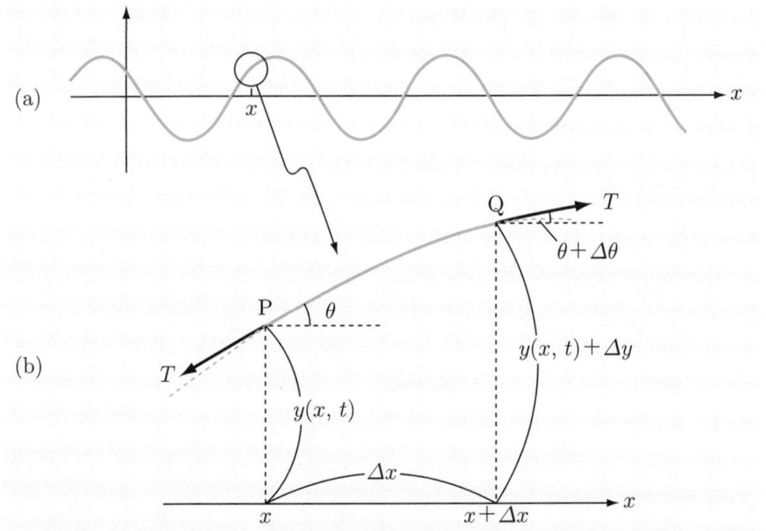

図 3.1　弦の微小部分にかかる力

図 3.1(a) のように，波がないときの弦の長さの方向に x 軸をとり，それと垂直な変位の方向に y 軸をとる．いま，x と $x + \Delta x$ の間にある弦の微小部分 PQ を考え，これに対して両側の隣接部分からはたらく張力の合力を求めてみよう．図 (b) はその微小部分を拡大したものである．両端 PQ にはたらく張力は，弦が変位しても不変で，重力の影響は無視できるものとすると，大きさ T は等しく方向だけが一致していない．そこで，P 点と Q 点における弦の接線と x 軸とのなす角をそれぞれ θ および $\theta + \Delta\theta$ とおいて，PQ 部分にはたらく張力 $\boldsymbol{F}$ の合力の x，y 成分を求めてみると，

$$F_x = T\cos(\theta + \Delta\theta) - T\cos\theta \approx 0 \tag{3.3}$$

$$F_y = T\sin(\theta + \Delta\theta) - T\sin\theta \approx T(\theta + \Delta\theta) - T\theta = T\Delta\theta \tag{3.4}$$

となり，x 成分は打ち消されるが y 成分は残る．とくに，波の振幅が十分に小さいときは，

$$\theta \approx \tan\theta = \frac{\partial y}{\partial x}$$

とおけるから，(3.4) の $\Delta\theta$ は

$$\Delta\theta = \frac{\partial \theta}{\partial x}\Delta x = \frac{\partial^2 y}{\partial x^2}\Delta x$$

と表される．したがって，弦の PQ の部分が y 方向に変位すると，それを戻そうとする復元力

$$F_y = T\frac{\partial^2 y}{\partial x^2}\Delta x \tag{3.5}$$

がこれにはたらく．

一方，PQ 部分の y 方向の加速度は，$\partial^2 y/\partial t^2$ と書くことができる．また，弦の線密度を σ で表すと，この微小部分の質量は $\sigma\Delta x$ である．したがって，この PQ 部分に対するニュートンの運動方程式は

$$\sigma\Delta x\frac{\partial^2 y}{\partial t^2} = T\frac{\partial^2 y}{\partial x^2}\Delta x$$

となる．これは整理すると

$$\frac{\partial^2 y}{\partial t^2} = \frac{T}{\sigma}\frac{\partial^2 y}{\partial x^2} \tag{3.6}$$

となる．ここで，T も σ も，ともに正の量であるから，

$$v^2 = \frac{T}{\sigma} \tag{3.7}$$

とおくと，(3.6) は

$$\frac{\partial^2 y}{\partial t^2} = v^2 \frac{\partial^2 y}{\partial x^2} \tag{3.8}$$

となり，はじめに述べた波動方程式 (3.2) が得られる．

また，この波動方程式 (3.8) を導出した過程からわかるように，弦を伝わる横波の速さ v は，(3.7) で与えられ

$$v = \sqrt{\frac{T}{\sigma}} \tag{3.9}$$

となる．したがって，弦を伝わる波の速さは，媒質の変位を平衡状態に戻そうとする張力（弾性力）が大きいほど大きくなり，媒質の慣性を表す線密度が大きいほど小さくなる．

3.2　種々の弾性体中の波の速さ

弾性体の中を伝播する波の波動方程式の導き方は，基本的には前節で述べた弦の横波の場合と同じである．すなわち，媒質（弾性体）を微小部分の集合体とみなして，各微小部分に対するニュートンの運動方程式を作ればよい．そのためには，その微小部分の変位をもとに戻そうとする復元力，つまり，微小部分に隣接する各部分から及ぼされる弾性力の合力を求めなければならない．

①　ずれ弾性率 G，密度 ρ の棒の横波

ずれ弾性率（剛性率）が G で，断面積が S の棒を伝わる横波を考えよう．弦の場合と同様に，棒に沿って x 軸をとり，各点の変位を $y(x,t)$ で表す．いま，棒を長さ Δx の微小部分からなる集合体と考え，それらの微小部分は棒に垂直に変位しているとする．このとき，各微小部分にはたらく復元力は，両端の断面（境界面）を通してはたらく隣接部分からのずれ弾性応力である．このようなずれ弾性応力は，断面が垂直断面に対して傾いているときに現れ，その傾き角を θ とすると，$G\theta$ で与えられる．したがって，棒の微小部分（図3.2 で青色の部分）にはたらくずれ弾性力の合力 F_y は

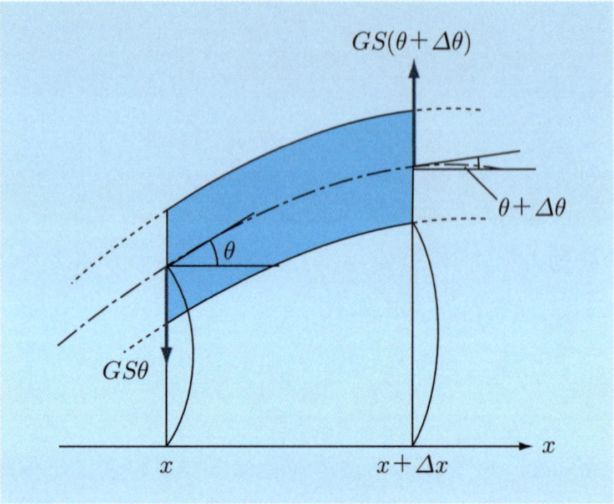

図 3.2　棒の微小部分にかかる力

$$\begin{aligned} F_y &= GS(\theta+\Delta\theta) - GS\theta \\ &= GS\left\{\left(\frac{\partial y}{\partial x} + \frac{\partial^2 y}{\partial x^2}\Delta x\right) - \frac{\partial y}{\partial x}\right\} = GS\frac{\partial^2 y}{\partial x^2}\Delta x \end{aligned} \tag{3.10}$$

となる．ただし，ここでは θ は十分に小さいとして，近似

$$\theta \approx \tan\theta = \frac{\partial y}{\partial x}$$

が使われている．(3.10) を用いると微小部分に対する運動方程式，つまり棒を伝わる横波の波動方程式が

$$\frac{\partial^2 y}{\partial t^2} = \frac{G}{\rho}\frac{\partial^2 y}{\partial x^2} \tag{3.11}$$

と得られる．ただし，ρ は棒の体積密度である．これより，その波の速さは

$$v = \sqrt{\frac{G}{\rho}} \tag{3.12}$$

と得られる．

②　ヤング率 E，密度 ρ の棒の縦波

ヤング率 E，密度 ρ，断面積 S の一様な棒を長さ方向（x 方向）に伝わる縦波を考える．いま，波がないとき，きわめて接近した 2 つの垂直断面 P, Q

が，波がくるとそれぞれ変位して，ある時刻に P′，Q′ の位置にくるものとしよう．P，Q の座標をそれぞれ x，$x + \Delta x$，変位をそれぞれ y，$y + \Delta y$ とすると（ただし，Δy は Δx にくらべて十分小さいものとする），図 3.3 から明らかなように，P′，Q′ の x 座標はそれぞれ，

$$x + y, \quad x + \Delta x + y + \Delta y$$

となる．したがって，P, Q の間の部分に注目すると，波がきたために Δy だけ伸びたことになる．したがって，Q を P に接近させた極限では，その伸び率は $\partial y/\partial x$ で与えられる．このとき，断面 P′ を通してはたらく応力 $\sigma(x)$ は

$$\sigma(x) = E\frac{\partial y}{\partial x} \tag{3.13}$$

となり，ヤング率 E と伸び率 $\partial y/\partial x$ との積となる．

同様にして，断面 Q′ を通してはたらく応力 $\sigma(x + \Delta x)$ は

$$\sigma(x + \Delta x) = \sigma(x) + \frac{\partial \sigma}{\partial x}\Delta x = \sigma(x) + E\frac{\partial^2 y}{\partial x^2}\Delta x \tag{3.14}$$

となる．したがって，P′ と Q′ の間の部分には，両端の断面 P′，Q′ を通して，x 方向に応力による力

$$F_x = \{\sigma(x + \Delta x) - \sigma(x)\}S \approx ES\frac{\partial^2 y}{\partial x^2}\Delta x \tag{3.15}$$

がはたらいている．P′Q′ 部分の質量は $\rho S \Delta x$ であるから，この部分の x 方向の運動に対する運動方程式は，(3.15) より直ちに得られ，これを整理すると

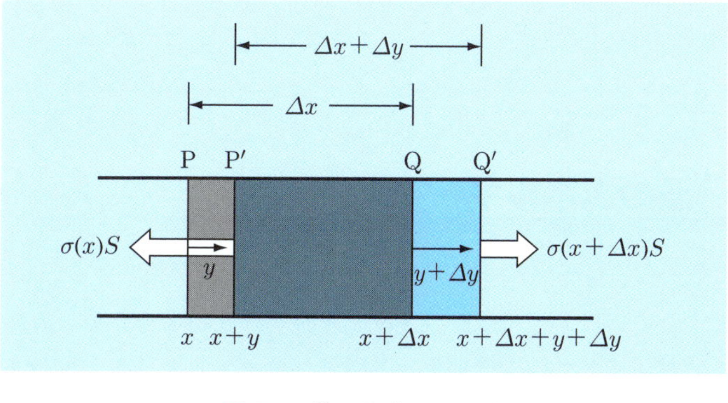

図 3.3　棒に発生する縦波

$$\frac{\partial^2 y}{\partial t^2} = \frac{E}{\rho}\frac{\partial^2 y}{\partial x^2} \tag{3.16}$$

となり，棒を伝わる縦波の波動方程式が導かれる．また，縦波の速さは，この式と，(3.8) から，

$$v = \sqrt{\frac{E}{\rho}} \tag{3.17}$$

と得られる．すなわち縦波の速さは，ヤング率が大きいほど，すなわち硬いものほど速く，密度が大きいものほど遅い．

③ 地震のP波（縦波）とS波（横波）

②の棒の縦波では，同時に棒の太さも変化している．そのため，同じ波が3次元弾性体中で発生したとすると，そのような縦波は，同時に垂直な方向に進む縦波をも伴っている．そのため3次元弾性体中を一方向に進む縦波の速さは v は，(3.17) ではなく，

$$v = \sqrt{\frac{K + (4/3)G}{\rho}} \tag{3.18}$$

となる．ここで，K は体積弾性率である．したがって，地震の際のP波の速さは (3.18) で表される．

①の棒の横波では，棒の太さの変化を伴わないので，3次元弾性体中を伝わる横波の場合も，弾性体中に仮想的な棒を考えれば，①と全く同じ扱いが可能である．したがって，その速さも (3.12)，

$$v = \sqrt{\frac{G}{\rho}}$$

である．すなわち，地震の際のS波の速さは (3.12) で与えられる．

3.3 波のエネルギー

力学で学んだように（たとえば本シリーズの新・基礎力学を参照），孤立した単振動する系には，その振動に伴うエネルギーが蓄えられる．前節でみたように，波が伝播している媒質も，各微小部分をみると平衡位置のまわりを単振動している．しかし，波の場合は各微小部分が隣接する周辺と相互作用

しているため，その振動エネルギーは保存されずに周囲に拡散していく．このエネルギーの伝播が波の本質でもある．

波のエネルギー

いま，x 方向に進む 1 次元波

$$y(x,t) = f(x - vt) \tag{3.19}$$

について，媒質の微小部分（長さが Δx）の振動の力学的エネルギーを求めてみよう．

微小部分の質量は線密度 σ を用いると $\sigma\Delta x$ であり，その速度は変位 $y(x,t)$ の t に関する偏微分であるから，運動エネルギー K は

$$K = \frac{1}{2}(\sigma\Delta x)\left(\frac{\partial y}{\partial t}\right)^2 \tag{3.20}$$

である．これに (3.19) を代入し，$\xi = x - vt$ のように変数変換すると，

$$K = \frac{1}{2}(\sigma\Delta x)v^2\left(\frac{df(\xi)}{d\xi}\right)^2 \tag{3.21}$$

となる．

一方，微小部分にはたらく復元力は波の種類によって異なるが，それぞれについては，すでに前節，前々節で求められている．したがって，それらの力に起因するポテンシャルエネルギー U は次のようになる．

$$U = \frac{1}{2}T\left(\frac{dy}{d\xi}\right)^2\Delta x \qquad \cdots \quad \text{弦の横波} \tag{3.22}$$

$$U = \frac{1}{2}G\left(\frac{dy}{d\xi}\right)^2 S\Delta x \qquad \cdots \quad \text{棒の横波} \tag{3.23}$$

$$U = \frac{1}{2}E\left(\frac{dy}{d\xi}\right)^2 S\Delta x \qquad \cdots \quad \text{棒の縦波} \tag{3.24}$$

したがって，場所 x，時刻 t における単位長さあたりの力学的エネルギー，すなわち**エネルギー密度** $\varepsilon(x,t)$ は，たとえば，弦の横波では，

$$\varepsilon(x,t) = \frac{K+U}{\Delta x} = \frac{1}{2}\sigma\left(v^2 + \frac{T}{\sigma}\right)\left(\frac{dy}{d\xi}\right)^2 = \sigma v^2\left(\frac{dy}{d\xi}\right)^2 \tag{3.25}$$

となる．同様に，棒を伝わる横波と縦波の場合も単位断面積当たり，それぞれ

$$\varepsilon(x,t) = \frac{1}{2}\rho\left(v^2 + \frac{G}{\rho}\right)\left(\frac{dy}{d\xi}\right)^2 = \rho v^2\left(\frac{dy}{d\xi}\right)^2 \tag{3.26}$$

$$\varepsilon(x,t) = \frac{1}{2}\rho\left(v^2 + \frac{E}{\rho}\right)\left(\frac{dy}{d\xi}\right)^2 = \rho v^2\left(\frac{dy}{d\xi}\right)^2 \tag{3.27}$$

と得られる．これらの 3 つの式の各右辺に現れる v は，それぞれ (3.9), (3.12), (3.17) で与えられている．そこで，それらの波の復元力に関わる弾性率を C で表すと，エネルギー密度は，いずれも，

$$\varepsilon(x,t) = C\left(\frac{dy}{d\xi}\right)^2 \tag{3.28}$$

の形に書き表されることがわかる．

ここで，変位 y は

$$y(x,t) = f(x - vt) = f(\xi) \tag{3.29}$$

であり，ξ のみの関数であるから，

$$\left(\frac{dy}{d\xi}\right)^2 \equiv F(\xi) = F(x - vt) \tag{3.30}$$

となる．これを (3.28) に代入すると，場所 x，時刻 t におけるエネルギー密度 $\varepsilon(x,t)$ は，

$$\varepsilon(x,t) = CF(x - vt) \tag{3.31}$$

と得られる．これからわかるように，エネルギー密度も波とともに速さ v で，波と同じ方向に移っていくのである．

ここでは，連続的に伝わる弾性波を仮定したが，一般の波では，エネルギーの移っていく速さと，波の位相速度とは必ずしも一致しない．

第3章例題

例題 3.1 気柱の中の縦波

一様な断面積 S をもつ管の中に空気が入っている．この気柱を伝わる縦波の速度は，空気の密度を ρ，体積弾性率を K とすると，

$$v = \sqrt{\frac{K}{\rho}}$$

となることを示せ．

解答 このような気柱の縦波は，第 2 章で調べた棒を伝わる縦波の場合と同じように，気柱のきわめて接近した 2 つの垂直断面 P，Q を考え，その 2 つの断面に挟まれた部分について運動方程式をたてればよい．その場合棒の縦波と異なるところは，断面にはたらく応力 σ が，圧力 $-p$ となることだけである（図 3.3 参照）．ここで，負符号がつくのは応力 σ の場合と向きが逆になるためである．

いま，気柱 PQ が変位して P′Q′ になったために生じる体積の増加は

$$\Delta V = \{y(x + \Delta x) - y(x)\}S$$

である．また，空気が静止しているときの PQ の部分の体積は $V = S\Delta x$ であるから，P′Q′ に変位したときの圧力の増加は

$$\Delta p = -K\frac{\Delta V}{V} = -K\frac{\partial y}{\partial x}$$

となる．したがって，PQ にはたらく x 方向の力は

$$F_x = \{\Delta p(x,t) - \Delta p(x + \Delta x)\}S = -\left(\frac{\partial \Delta p}{\partial x}\right)S\Delta x$$

となり，この部分に対する運動方程式は

$$\rho S\Delta x\frac{\partial^2 y}{\partial t^2} = -\left(\frac{\partial \Delta p}{\partial x}\right)S\Delta x = K\frac{\partial^2 y}{\partial x^2}S\Delta x \qquad \therefore \quad \frac{\partial^2 y}{\partial t^2} = v^2\frac{\partial^2 y}{\partial x^2}$$

となる．したがって，空気の縦波の速さは

$$v = \sqrt{\frac{K}{\rho}}$$

例題 3.2　**弦を伝わる横波のエネルギー**

張力 T で張られた線密度 σ の弦に，変位 y が

$$y = A\sin\left\{\frac{2\pi}{\lambda}(x - vt)\right\}$$

で表される正弦波が伝わるとき，弦の任意の点を単位時間に通過する波のエネルギーを求めよ．

解答　弦を伝わる波のエネルギー密度 $\varepsilon(x,t)$ は (3.25) より

$$\varepsilon(x,t) = \sigma v^2 \left(\frac{\partial y}{\partial \xi}\right)^2$$

で与えられる．ただし，波の速さは $v = \sqrt{T/\sigma}$ であり，変数 ξ は $\xi = x - vt$ である．ここで，y に上の正弦波を代入すると，

$$\varepsilon(x,t) = A^2\sigma v^2 \left(\frac{2\pi}{\lambda}\right)^2 \cos^2\left\{\frac{2\pi}{\lambda}(x - vt)\right\}$$

となる．したがって，これを周期 τ について平均すると，

$$< \varepsilon(x,t) >= \frac{1}{2}A^2\sigma v^2 \left(\frac{2\pi}{\lambda}\right)^2$$

となるが，これは，

$$\sigma v^2 = \sigma\left(\frac{\lambda}{\tau}\right)^2 = \sigma\left(\frac{\lambda\omega}{2\pi}\right)^2$$

のように書き換えると，さらに

$$< \varepsilon(x,t) >= \frac{1}{2}A^2\sigma\omega^2$$

となる．したがって，弦の 1 点を単位時間に通過する波のエネルギー I は，この $< \varepsilon(x,t) >$ に波の伝播速度 v を掛ければよく，

$$I =< \varepsilon(x,t) > v = \frac{1}{2}A^2\sigma\omega^2 v$$

と得られる．この I は**波の強さ**と呼ばれる．

例題 3.3 **ロープを伝わる波の速さ**

鉛直にぶら下げられた長さが l で，質量が m の一様なロープがある．このロープの下端で横波を発生させたところ，波はロープに沿って上っていった．

(1) ロープの下端から x の位置での波の速さはいくらか．

(2) ロープの端から端まで波が伝わるのに要する時間を求めよ．

解答 (1) ロープの線密度 σ は

$$\sigma = m/l$$

であるから，下端から x の位置におけるロープの張力 $T(x)$ は，重力加速度を g とすると，

$$T(x) = \sigma xg = mg\left(\frac{x}{l}\right)$$

である．ロープを伝わる波の速さ v は，(3.9) によって与えられており，ロープの線密度 σ とその位置での張力を T とすると，

$$v = \sqrt{\frac{T}{\sigma}}$$

で与えられる．したがって，x の位置における波の速さ $v(x)$ は

$$v(x) = \sqrt{\frac{T(x)}{\sigma}} = \sqrt{\frac{mg(x/l)}{m/l}} = \sqrt{gx}$$

となる．

(2) 波が微小距離 $\varDelta x$ を進むのに要する時間 $\varDelta t$ は

$$\varDelta t = \frac{\varDelta x}{v(x)}$$

であるから，波が下端から上端まで伝わる所要時間は

$$\int_0^l \frac{1}{v(x)}dx = \int_0^l \frac{1}{\sqrt{gx}} = 2\sqrt{\frac{l}{g}}$$

と求められる．このように，ぶら下がったロープの端から端まで横波が伝わる所要時間はロープの長さだけで決まり，ロープの質量には依存しない．

第 3 章演習問題

[1]　弦を伝わる横波の速さ v が，弦の張力 T と線密度 σ だけで決まるとき，次元解析により，

$$v = C\sqrt{\frac{T}{\sigma}} \quad (C：無次元の定数)$$

となることを示せ．

[2]　チェロの弦に波長 1.4 m，振動数 66 Hz の波が生じた．

(1)　この波の速さはいくらか．

(2)　この弦の線密度を 1.4×10^{-2} kg/m とすると，弦の張力はいくらになるか．

[3]　線密度 10 g/m の弦がある．生じる波の速さが 500 m/s であるためには，この弦をどれだけの張力で張ればよいか．

[4]　質量 100 g，長さ 5.0 m の綱がある．この綱を 200 N の力でほぼ水平になるように張ったとき，綱を伝わる波の速さはいくらになるか．

[5]　レールの密度を 7.9×10^3 kg/m^3，ヤング率を 2.0×10^{11} Pa とすると，レールを伝わる縦波の速さはいくらか．

[6]　水の体積弾性率は 0.22×10^{10} N/m^2，密度は 1.0×10^3 kg/m^3 である．

(1)　水中での音速を求めよ．

(2)　この音の振動数が 400 s^{-1} ならば，波長はいくらか．

[7]　ある棒の一端を一定温度の熱源に接触させたところ，熱源から距離が x だけ離れた点の時刻 t における温度 $\theta(x,t)$ が

$$\theta(x,t) = Ae^{-kx}\sin(\omega t - kx)$$

で表されることがわかった．この式は波動方程式を満たす解になっているか．

[8]　ヤング率 E，密度 ρ，断面積 S の弾性体の棒に，長さ方向（x 方向）に伝わる縦波の変位 $y(x,t)$ が

$$y(x,t) = A\sin\left\{\frac{2\pi}{\lambda}(x - vt)\right\}$$

で表されるとき，棒の断面にはたらく力が単位時間にする仕事を求めよ．

[9]　ヤング率 2.0×10^{11} Pa，密度 7.9×10^3 kg/m^3，直径 6.0 mm の鉄の棒を縦波が伝わっている．この縦波の振動数が 1500 Hz，断面を 1 秒間に流れるエネルギーが 20 W であるとき，この縦波の振幅はいくらか．

第4章

音と音波

耳で聞く音と物理的な音波

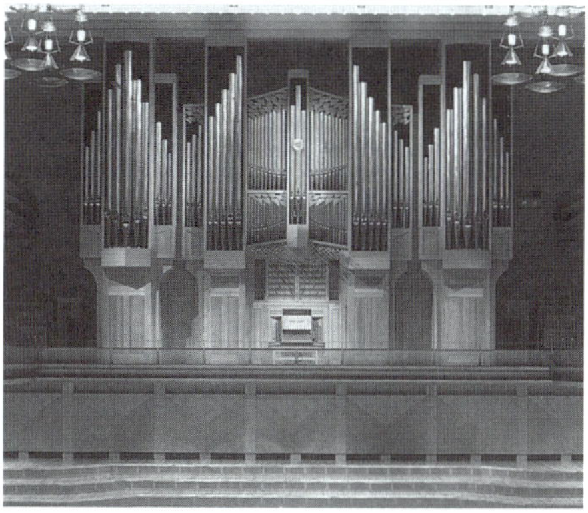

宮崎県立芸術劇場　音楽ホール

（提供：宮崎県立芸術劇場）

本章の内容

4.1 音の速さ

音波は力学的な波動の中でも，最もわれわれの日常生活に関わりをもつ波動現象である．これまでの3つの章で扱った，重ね合わせ，反射，屈折，干渉，回折など，波特有の物理現象はすべて音波にも当てはまる．音波の速さも他の波と同様に扱うことができる．

管の中の気柱を伝わる縦波（つまり音波）の速さ v は，前章の例題3.1で求められており，空気の密度を ρ，体積弾性率を K とすると，

$$v = \sqrt{\frac{K}{\rho}} \tag{4.1}$$

で与えられる．K は，気体の場合は，圧力をある値 p_0 を基準にして測り，圧力 $p - p_0$ が加えられたときの体積の変化率を $\Delta V/V$ とすると，

$$p - p_0 = -K\frac{\Delta V}{V} \tag{4.2}$$

で定義される．ここで，$p - p_0 = dp$ とし，$\Delta V = dV$ とすれば，

$$K = -V\frac{dp}{dV} \tag{4.3}$$

となる．

ところで，空気は熱の不良導体なので，音波の1周期の間の熱の出入りは無視できるため，音波の空気振動は断熱変化とみなすことができる．とくに，理想気体が断熱変化するときは，圧力 p と体積 V との間に，

$$pV^{\gamma} = \text{一定} \tag{4.4}$$

という関係が成り立つ．ここで，γ は定圧比熱 c_p と定積比熱 c_v の比で与えられ，空気の場合は

$$\gamma = \frac{c_p}{c_v} = 1.403 \tag{4.5}$$

である．そこで，(4.4) を V で微分すると

$$\frac{dp}{dV} = -\frac{\gamma p}{V}$$

となるので，これを (4.3) に代入すると

$$K = \gamma p \tag{4.6}$$

が得られる．

最初の音速の式 (4.1) に (4.6) を代入し，気体の状態方程式

$$pV = RT = R(273 + t) \tag{4.7}$$

と $\rho = M/V$ を使うと，温度 t°C における空気中の音速 $v(t)$ が

$$v = \sqrt{\frac{\gamma R}{M}T} = 331\sqrt{1 + \frac{t}{273}} \approx 331 \times \left(1 + \frac{t}{2 \times 273}\right) = 331 + 0.61t \quad \text{(m/s)} \tag{4.8}$$

と得られる．ただし, R は気体定数, M は空気 1 mol の質量である．0°C での値 331 m/s は，空気中の音速の実測値 331.45 m/s と非常によく一致している．

4.2　音の大きさ

音の大きさ，高さおよび音色を音の 3 要素という．“音波” は物理的には他の波と同様に扱えるが，われわれが聞く “音” は，聴覚の特性がからむため，物理的特性だけで捉えることはできない面がある．たとえば，われわれが感じる音の大きさは，もちろん音波の強さに依存しているが，音波の強さが 2 倍になっても，聞こえる音の大きさは 2 倍にはならない．それは，われわれの聴覚の特性が音波の強さに比例していないからである．

音波の強さ

波の強さ I は，単位時間に単位断面積を流れる波のエネルギーとし定義される．とくに，音波のように波が正弦波で表される場合は，媒質の密度を ρ，波の速さを v，振幅と振動数をそれぞれ A, f とすると，

$$I = 2\pi^2 \rho f^2 A^2 v \tag{4.9}$$

となり（たとえば例題 3.3 を参照），音波の強さ I は振幅の 2 乗と振動数の 2 乗に比例する．

音圧と音圧レベル

マイクロフォンなどで音波を測定する場合は，音波の変位ではなく，音波の圧力の変動が測定される．この圧力の変化量を**音圧**と呼ぶ．音圧の実効値 p は振動数 f と変位の振幅 A の積に比例するから，(4.9) の音波の強さ I は

$$I \propto p^2 \rho v \tag{4.10}$$

のように，音圧の2乗に比例することがわかる．

ところで，われわれが聞く**音の大きさ**は，当然音波の強さ I が大きいほど大きく聞こえるが，音波の強さが2倍になっても2倍の大きさには聞こえない．これはわれわれの聴覚が対数的なっているためである．そこで，音波の相対的強さを表す量として

$$L_p = 10\log_{10}\frac{I}{I_0} = 20\log_{10}\frac{p}{p_0} \tag{4.11}$$

で与えられる量を定義し，**音圧レベル**と呼ぶ．音圧レベルの単位は dB（デシベル）である．ここで，p_0 は基準の音圧であって，人間の耳で感知できる最小の音圧 $20\,\mu$Pa がとられる．また，これは音波の基準の強さ I_0 に換算すると $10^{-12}\,\mathrm{W/m^2}$ にあたる．表4.1に様々な音の音圧と音圧レベルを示しておく．

表 4.1 様々な音の音圧と音圧レベル

音圧 (Pa)	音圧レベル (db)	例
2×10^{-5}	0	1 kHz の最小可聴値
2×10^{-4}	20	ささやき声
2×10^{-3}	40	静かな室内
2×10^{-2}	60	通常の会話
2×10^{-1}	80	幹線道路沿い
2×10^{0}	100	電車のガード下
2×10^{1}	120	近傍で聞くジェット機の離着陸
2×10^{2}	140	音として聴ける限界

（理科年表 2003 年度版による）

音の大きさのレベル（フォン）

われわれの耳は音波の周波 (振動) 数によって感度が異なるので，音の大きさは周波数によっても変わってくる．たとえば同じ音圧レベルの音でも，4000 Hz の音より 100 Hz，あるいは 10000 Hz の音は小さく聞こえる．そこ

で，1000 Hz の**純音**（正弦波音のこと）を基準音にとって，音圧レベルが x dB の基準音と同じ大きさに聞こえる音があれば，その音の大きさを x **フォン**（phon）と定め，これを**音の大きさのレベル**と呼ぶ．

図 4.1 は同じ大きさ（フォン）に聞こえる音の音圧レベルの周波数変化を示したもので，**ラウドネス曲線**と呼ばれる．この図からもわかるように，われわれの耳は 3〜4 kHz の音に対して最も感度がよく，これよりも周波数が高くなっても，低くなっても感度は低くなる．実際に，われわれの耳の聞き取れる周波数には限界があって，個人差や年齢にもよるが，およそ 20 Hz〜20000 Hz である．

今日では，社会環境問題に関連して，しばしば**騒音**の大きさが問題になる．そのような騒音の大きさを測定する場合は，いちいち 1000 Hz の基準音と比較することはしないで，騒音計が用いられる．騒音計ではマイクロフォンで検出された騒音を，われわれの耳に近い感度特性をもった電気回路で増幅して音の大きさが測られる．騒音計の目盛り単位には，dB（デシベル）が用いられる．

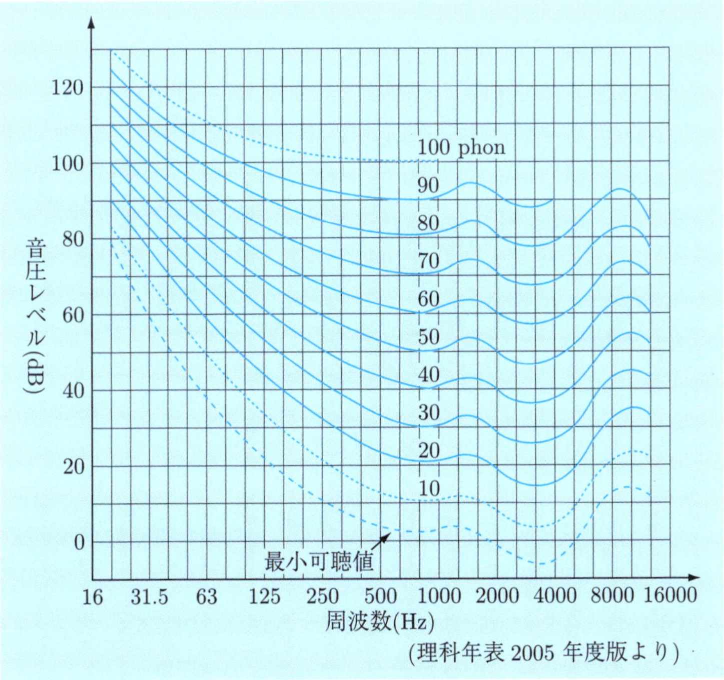

図 4.1 ラウドネス曲線

4.3 音の高さ

音の高さは，基本的には音波の周波数（振動数）によって決まる．周波数が大きければ高い音に，小さければ低い音に聞こえる（図 4.2）．前節で述べたように，われわれが聞くことができる音の周波数は 20 Hz から 20000 Hz の間である．20000 Hz よりも高い周波数領域の音波は**超音波**と呼ばれ，医療での診断や様々な部品加工に利用されている．一方 20 Hz よりも低い周波数の音波は，いわゆる音として感知することはできないが，音圧が高ければ圧迫感として感じられる．

われわれの聴覚は，音波の強さだけでなく，周波数に対しても対数的になっている．そこで，音の高さに関して**オクターブ**という尺度が用いられる．音の周波数を上げていくと，周波数がちょうどもとの 2 倍になったところで，もとの音に戻ったように感じる．このように，2 つの音の周波数の比が 1:2 となる周波数間隔がオクターブである．音楽では普通オクターブを 12 に分割して得られる音が用いられる．

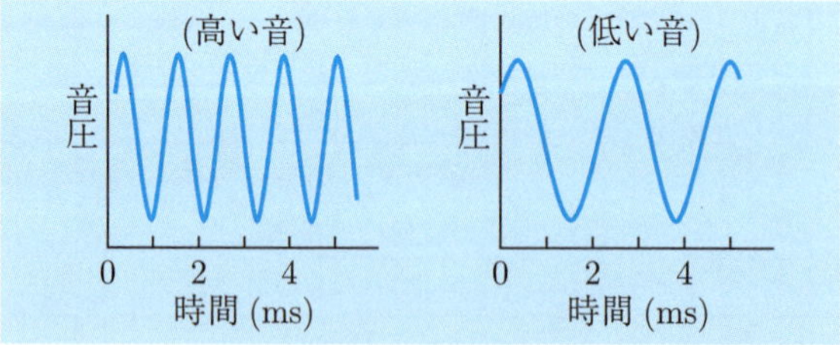

図 4.2　高い音と低い音

基本音と倍音

第 1 章では弦や気柱の固有振動を学んだが，われわれや楽器が音を発する場合は，発音体に固有振動を起こして，その固有振動に応じた固有の周波数の音を出す．発音体の固有振動は一般には一種類とは限らないで，一番振動数の小さい**基本振動**の他に振動数がそれの整数倍の**倍振動**が起こる．そのために，発音体から出される音は，周波数の異なる幾つかの正弦波の重ね合わせになっている（図 4.3）．そこで，固有振動と同様に，一番周波数の小さい音を**基本音**といい，それ以外の周波数の高い音を倍音と呼ぶ．

音の高さは一般には基本音で決まる．これは基本音の振幅が倍音に比べて大きいときに限ったことではなく，倍音よりも小さくても，極端な場合は基本音が存在していなくても，音は基本音の高さに聞こえる．このようなことが起こるのは，われわれの耳を通して音を生理的に捉える過程では，重ね合わせの原理が成り立っていないためである．したがって，周波数の異なる 2 つの音を混ぜて聞くと，それらの差の周波数の音が聞こえる．これを**差音**という．

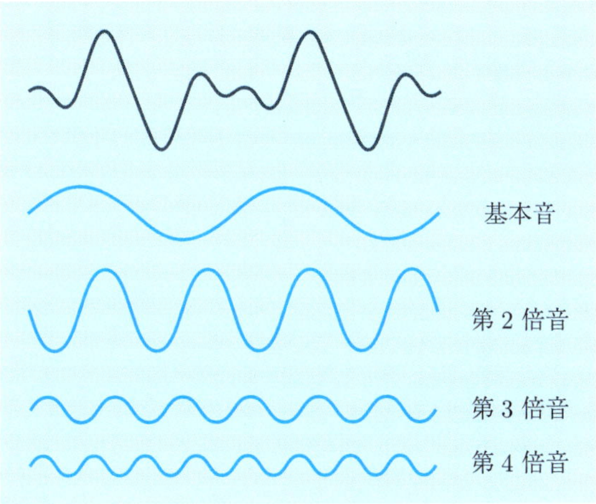

図 4.3　基本音と倍音

4.4 音　　色

オーボエとトランペットの音が，同じ大きさ，同じ高さであったとしても，2 つの音は違って聞こえる．このように発音体が違えば同じ高さの音でも違った音として聞こえる．これは音色が異なるからである．それでは音色の違いはどこからくるのだろうか．たとえば，キーボードのオーボエの音とトランペットの音の波形をみると，図 4.4 のようになっている．これからもわかるように，2 つの音は基本音は同じでも倍音の成分が違っている．つまり，どのような倍音を含むかで音色は違ってくるのである．なお，波形が異なるからといって音色が変化するとは限らない．倍音の位相がずれると波形は大きく変わるが，われわれの耳は音波の位相をほとんど検知することができないために，倍音の成分が同じであれば同じ音色に聞こえてしまうのである．

倍音の構造が同じでも音色が異なることもある．たとえば，あるキーボードのドラムとフルートの音の波形をみると図 4.5 のようになっていて，どち

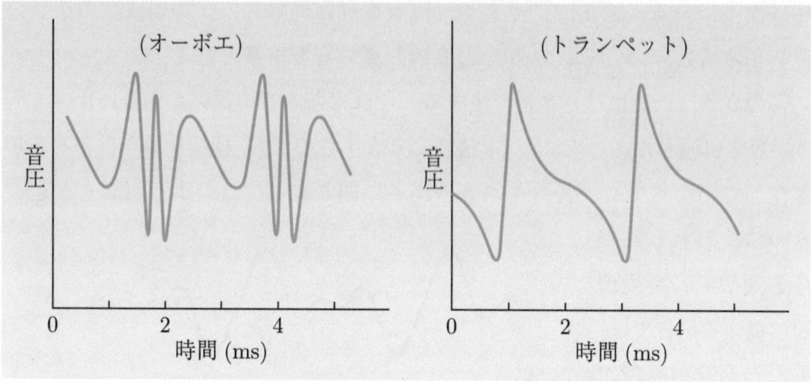

図 4.4　オーボエとトランペットの音の波形

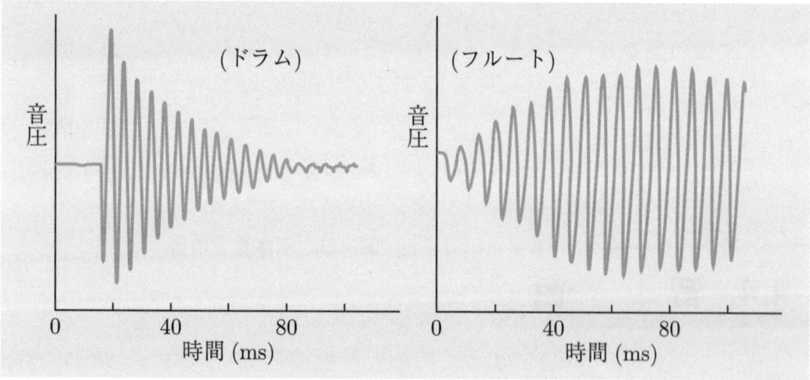

図 4.5　ドラムとフルートの音の波形

らもほとんど倍音を含まず，純音に近いことがわかる．それでも実際に聞いた印象はまったく違っている．その違いは図からもわかるように，その時間変化にある．ドラムの音は鋭く立ち上がった後，急激に減衰するが，フルートの音は緩やかに大きくなった後，持続する．このように，音の大きさの時間変化の違いも音色に影響を与えることがある．他にも，音色を左右する要因は多くあって，音色を決めることは簡単ではない．

4.5　ドップラー効果

ここまでは，音の発信源（**音源**）や，それを聞く人（**観測者**），さらに音を伝える媒質が“動く”ということは考えてこなかった．すなわち，音源が振動数 f で振動すると，それに接する空気は強制振動によって同じ振動数 f で振動し，それが振動数 f の波となって空気中を伝わり，観測者は振動数（周波数）f の音を聞く．したがって，この場合は音源の振動数と観測者の聞く音の振動数とが一致する．

しかし，救急車やパトカーが目の前を通り過ぎるとき，サイレンの音が急に低くなったように聞こえることは，誰でもよく経験している．このように音源や観測者が相対的に運動しているとき，あるいは波を伝える空気自体が風などのために運動しているときなどは，音源の振動数と観測者の聞く音の振動数とは一致しない．この現象は**ドップラー効果**と呼ばれ，波の速さが媒質の性質だけによって決まり，波源や観測者が運動していることには無関係であるために起こる．したがって，ドップラー効果は音波だけでなく，すべての波動にみられる．以下に音源と観測者が同一直線上で運動している場合について，ドップラー効果が起きる原因を考えてみよう．

音源だけが運動している場合

図 4.6 のように，最初に S の位置にあった音源が，一定の速さ v_{S} で観測者 A に向かって移動している場合を考える．音源が S の位置で出した音を，A はそれから時間 t 後に聞いたとする．このとき音源は S から $v_{\mathrm{S}}t$ の位置 S′ まで移動している．したがって，この時間 t の間に，音源を出た音波は図のように伝わり，S が静止していれば SA の間に出来たはずの波面が S′A の間に圧縮されることになる．いま，音源の周波数を f_0，空気中の音速を c とし，音源が静止しているときの音波の波長を λ，音源が速さ v_{S} で動いているときの，音波の波長を λ_{A}，A が聞く音の周波数を f_{A} とする．

まず，f_0，c，λ の間には

$$c = f_0\lambda \qquad \therefore \quad f_0 = \frac{c}{\lambda} \tag{4.12}$$

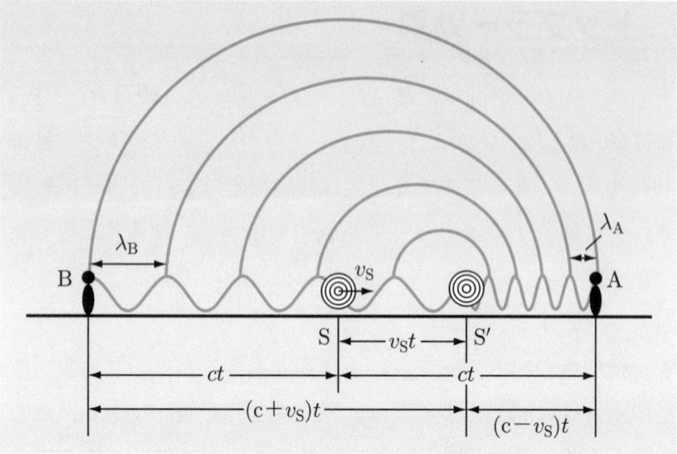

図 4.6 音源だけが運動している場合のドップラー効果

が成り立つ．一方，音源が速さ v_S で動いているときの，f_A と λ_A の間にも

$$c = f_A \lambda_A \qquad \therefore \quad f_A = \frac{c}{\lambda_A} \tag{4.13}$$

の関係が成り立つ．ところで，時間 t の間に音源は $f_0 t$ 回振動しているから，S′A 間の波面の数も $f_0 t$ である．したがって，S′A 間の波長 λ_A は

$$\lambda_A = \frac{ct - v_S t}{f_0 t} = \frac{c - v_S}{f_0} = \frac{c - v_S}{c}\lambda \tag{4.14}$$

となる．これから，A が聞く音の周波数 f_A は (4.13) より，

$$f_A = \frac{c}{\lambda_A} = \frac{c}{c - v_S} f_0 \tag{4.15}$$

と得られる．(4.15) によれば，$f_A > f_0$ であり，これは救急車が近づいてくるときのサイレンの音が，救急車が止まっているときよりも高く聞こえることと一致している．

一方，音源が速さ v_S で遠ざかっている観測者 B が聞く音の周波数 f_B も同様にして求められる．BS′ 間の波長 λ_B は

$$\lambda_B = \frac{c + v_S}{c}\lambda \tag{4.16}$$

となるので，f_B は

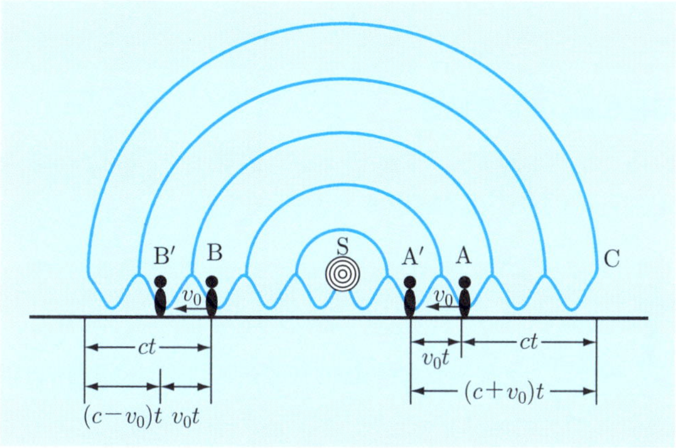

図 4.7　観測者が音源に対して運動する場合のドップラー効果

$$f_B = \frac{c}{c + v_S} f_0 \tag{4.17}$$

となり，この場合は $f_B < f_0$ となる．

観測者が動く場合

今度は静止している音源に対して，観測者が近づいている場合や，遠ざかっている場合を考えよう．

図 4.7 において，一定の速さ v_0 で音源に向かっている観測者が，ちょうど A の位置で聞いた音波が，時間 t 後には C まで到達し，観測者自身はそのとき A′ まで進んだとしよう．この間に観測者は A′C 間にある音波を聞くことになる．この場合波長 $\lambda = c/f_0$ は変わらないから，観測者の聞く音の周波数 f'_A は

$$f'_A = \frac{c + v_0}{\lambda} = \frac{c + v_0}{c} f_0 \tag{4.18}$$

である．これは $f'_A > f_0$ であるから，観測される音波の周波数は静止して観測するよりも高くなる．

音源から速さ v_0 で遠ざかっている観測者が聞く音の周波数 f'_B も同様にして求められて，

$$f'_B = \frac{c - v_0}{c} f_0 \tag{4.19}$$

となり，音源の周波数よりも小さくなる．

音源も観測者も動いている場合

音源も観測者もともに動いている場合に，観測者が聞く音の周波数 f は，(4.15)，(4.17)，(4.18)，(4.19) をまとめて，

$$f = \frac{c - v_0}{c - v_{\mathrm{S}}} f_0 \tag{4.20}$$

と表される．ただし，v_0，v_{S} の符号は，音源から観測者に向かう向きを正とする．

第 4 章例題

例題 4.1 空中での音の伝播

波が波面に垂直な方向に進むことと，温度によって音速が変わることから，次の音に関する日常的な経験に説明をつけよ．

(1) 冬の夕方などに，電車の音など，普段は聞こえない遠くの音が聞こえることがある．

(2) 幹線沿いの高層マンションは，日中は上の階の方が騒音がうるさい．

(3) 風上に向かうと声が遠くまで届かない．

解答 (1) 夕方地面が冷えてくるのに対して，上空の空気はまだそれほど冷えていないため，気温は高度とともに高くなる．そのため高度が高いほど波面の進み方が大きくなり，斜め上に向かった音波は曲げられて地表に戻ってくる．このため，夕方は遠方の音が聞こえ易くなる（図 4.8）．

(2) 日中は逆に普通は地面の方が熱いため，地表付近の気温が高い．この場合は，車の騒音などは上空に向かって曲げられることになり（図 4.9），そのため高層マンションは上の階の方が騒音がうるさくなる．

(3) 風速は音速に比べて圧倒的に小さいから，風に向かうと声が届かないのは，音全体が風で押し戻されるためではない．地表に近いほど摩擦で風速は遅くなり，上空にいくほど風速が大きい．このため，風下から出た音は上に曲がり，風上から出た音は下向きに曲がる（図 4.10）．風に向かうと声が届きにくいのはそのためである．

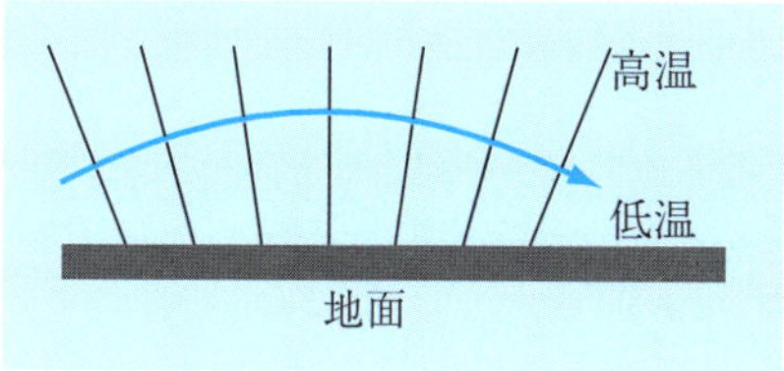

図 4.8

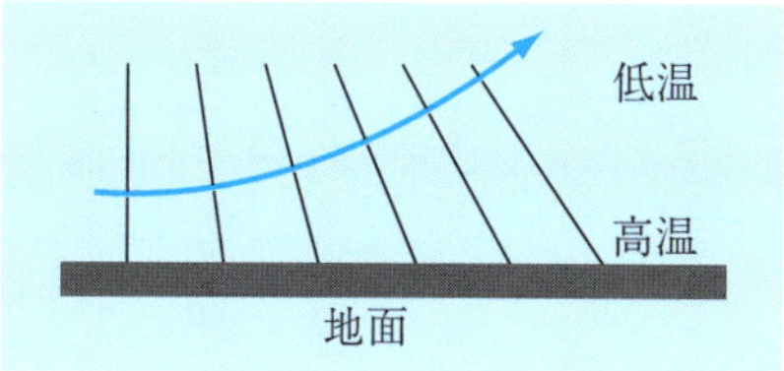

図 4.9

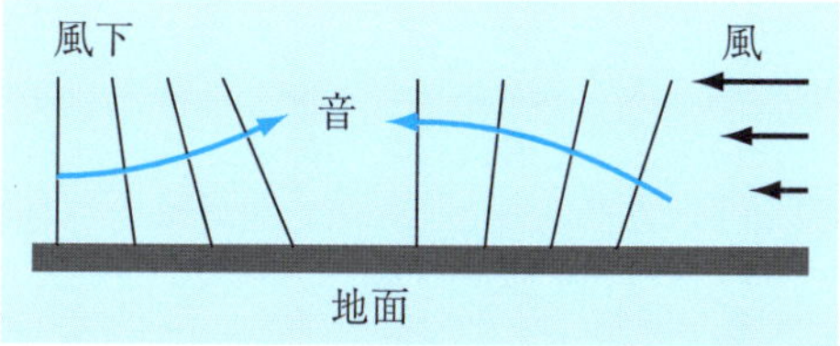

図 4.10

例題 4.2　　**音波の強さのレベル**

スピーカーから 1.5 mW の音が出て四方に一様に広がっている．

(1)　このスピーカーから 3.6 m 離れた点での音波の強さはいくらか．

(2)　この点での音圧レベルはいくらか．

ただし，空気の密度を ρ，音速を v とすると，音圧 p と音波の強さ I との間には，

$$I = \frac{p^2}{\rho v} \quad (\rho v = 400\,\mathrm{kg \cdot m^{-2} \cdot s^{-1}})$$

の関係があるものとする．

解答　(1)　音波の強さ I は，単位時間に単位面積を流れる音波のエネルギーである．一方，スピーカーの出力を P とすると，途中でのエネルギーの吸収がなければ，スピーカーから半径 r の球面を単位時間に流れる全エネルギーは P である．したがって，スピーカーから距離 $r = 3.6\,\mathrm{m}$ 離れた点での音波の強さは

$$I = \frac{P}{4\pi r} = \frac{1.5 \times 10^{-3}\,\mathrm{W}}{4 \times 3.14 \times (3.6\,\mathrm{m})^2} = 9.2 \times 10^{-6}\,\mathrm{W \cdot m^{-2}}$$

となる．

(2)　音圧 p は，上の与式を用いて，

$$p = \sqrt{\rho v I} = \sqrt{400\,\mathrm{kg \cdot m^{-2} \cdot s^{-1}} \times 9.21 \times 10^{-6}\,\mathrm{W \cdot m^{-2}}}$$
$$= 6.07 \times 10^{-2}\,\mathrm{Pa}$$

と求められる．

音圧レベルは (4.11) から求められる．ここで，基準音圧として

$$p_0 = 20\,\mu\mathrm{Pa} = 2 \times 10^{-5}\,\mathrm{Pa}$$

をとると，音圧レベル L_p は，

$$L_p = 20\log_{10}\frac{p}{p_0} = 20\log_{10}\frac{6.07 \times 10^{-2}\,\mathrm{Pa}}{2 \times 10^{-5}\,\mathrm{Pa}} = 70\,\mathrm{dB}$$

と求められる．これは表 4.1 をみると，幹線道路沿いに比べて，やや小さい音ということになる．

例題 4.3 **ドップラー効果とうなり**

図 4.11 のように観測者，周波数 f_0 の音源および壁が配置されている．次の各場合について，観測者が 1 秒間に聞くうなりの回数を求めよ．ただし，音速は c とする．

(1) 観測者と壁は静止し，音源が東に向かって速さ v で運動している．
(2) 観測者と音源は静止し，壁が東に向かって速さ w で運動している．
(3) 壁は静止し，音源と観測者が東に向かってそれぞれ速さ v, u で運動している．
(4) 音源は静止し，壁と観測者が東に向かってそれぞれ速さ w, u で運動している．
(5) 観測者は静止し，壁と音源が東に向かってそれぞれ速さ w, v で運動している．
(6) 壁，音源，観測者が東に向かってそれぞれ速さ w, v, u で運動している．

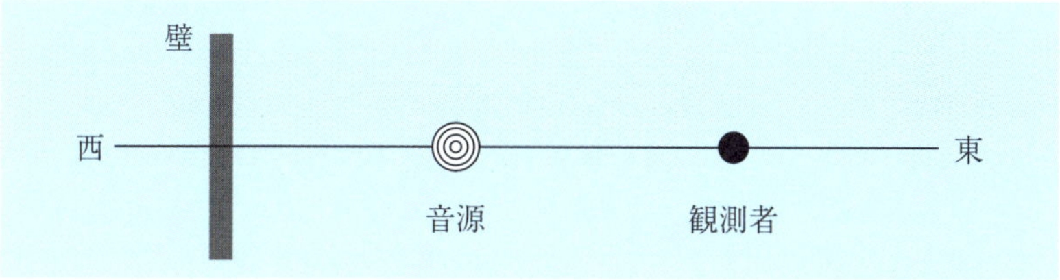

図 4.11

解答 周波数 f の音波が，速さ w で音源に向かって動く壁に反射されるとき，1 秒間に壁に当たる波面の数 f_w は

$$f_w = \frac{c+w}{c} f$$

となる．反射される音波の周波数 f' は，壁が周波数 f_w の音波を出して，速さ w で進んでいるとみなせるので

$$f' = \frac{c}{c-w} f_w = \frac{c+w}{c-w} f$$

となる．

(1) $\dfrac{2cv}{c^2-v^2} f_0$ (2) $\dfrac{2w}{c-w} f_0$

(3) $\dfrac{2v(c-u)}{c^2-v^2} f_0$ (4) $\dfrac{2w(c-u)}{c(c-w)} f_0$

(5) $\dfrac{2c^2\,|v-w|}{(c^2-v^2)(c-w)} f_0$ (6) $\dfrac{2c(c-u)\,|v-w|}{(c^2-v^2)(c-w)} f_0$

第4章演習問題

[1]　部屋を暖房したところ，上部が 25°C，下部が 20°C の 2 層になった．上部から下部に音が伝わるときの，境界での屈折率はいくらか．ただし，温度 t(°C) のときの音速を $331.5 + 0.61t$(m/s) とする．

[2]　外の音がうるさいので窓を閉めたところ，音圧が 1/2 になった．音圧レベルはどれだけ変化したか．

[3]　音圧レベルが 60 dB で，周波数が 63 Hz，1000 Hz，8000 Hz の 3 種類の音がある．それぞれの音の大きさは何フォンか．(図 4.1 のラウドネス曲線を用いよ．)

[4]　われわれの耳に聞こえる音で，最も高い音の周波数は約 20000 Hz，最も低い音は約 20 Hz である．20000 Hz は 20 Hz の何オクターブ上になるか．

[5]　440 Hz から 1 オクターブ高い 880 Hz の間を，12 の高さの音に分け，隣り合った高さの音の周波数の比が等しくなるようにしたい．それぞれの音の周波数はいくらか．このようにして得られた音の高さ（音階）を平均律音階といい，ピアノなどで幅広く使われる．

[6]　次の人にとっては，ラジオの時報 (440 Hz) の周波数はいくらに聞こえるか．ただし，音速を 340 m/s とする．

(1)　静止しているラジオに向かって 20 m/s の速さで近づいていく車に乗っている人．

(2)　自分に向かって 20 m/s の速さで近づいてくる車のラジオの時報を，静止して聞く人．

[7]　9.0 GHz のマイクロ波をだす発振器に向けてボールを投げ，マイクロ波を反射させたところ，反射波の周波数は入射波よりも 2.5×10^3 Hz 大きかった．マイクロ波の速度を 3.0×10^8 m/s とすると，ボールの速度はいくらか．

[8]　1.0 MHz の超音波を，3.0 cm/s の速度で近づいてくる血流中の赤血球で反射させると，反射波の周波数はいくらずれるか．ただし，血液中の超音波の速度を 1.5×10^3 m/s とする．

[9]　平行に走っている 2 組の直線の線路上をそれぞれ電車 A，B が同じ向きに走っている．A, B の速さはそれぞれ 126 km/h，90 km/h で，A は 1200 Hz の音を出している．A が B を追い越すとき，その前と後で B に乗っている人はそれぞれいくらの周波数の音を聞くか．ただし，音速は 340 m/s とする．

II部　光
電磁気学的な波

聖書に拠れば，神が天地創造の際に最初に創ったのは光であった．このことからもわかるように，光はわれわれにとって無くてはならないものであり，有史以前からなじみ深いものであった．しかし，「光とは何か」，つまり「光の正体は何か」がわかってきたのは，19 世紀以降のことである．それまでは，光が直進することから光線を粒子の流れと考えて，ニュートンが提唱した光の**粒子説**がとられていた．しかし，19 世紀に入って，光にも波動特有の現象である干渉と回折が発見されて，光は波として伝わることがわかってきた．そして，19 世紀の末には，マクスウェルによって，光は電界と磁界の振動が空間を伝わる電磁波であることが示された．

このように，光は電磁波という波動の一種である．したがって，第 I 部で学んだ事がらの多くは光に対しても当てはまる．しかし，これまでの波動は媒質自身の振動が伝播する力学的な波であった．そのため，音は振動する物質が存在しない宇宙空間では伝わることはできない．一方，電磁波は空間の電磁気的な状態を表す電界と磁界が波動として伝わる電磁気的な波であり，この場合の媒質は電界と磁界である．したがって，光は真空中を伝わることができ，夜空に輝く星の光は，宇宙空間を何百年，何千年かけて地球までやってくるのである．第 II 部では電磁気的な波の振る舞いを調べる．

第5章

光の本性

波動・粒子・光線

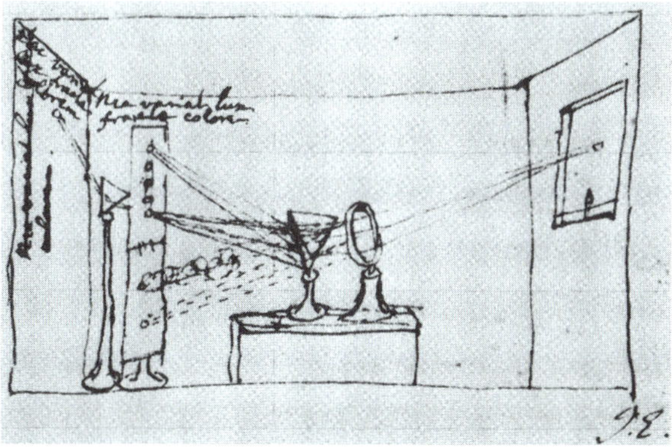

ニュートン自筆の絵

本章の内容

5.1 粒子性と波動性

光の2重性

今日では，光は**波動性**と**粒子性**という2重の性質をもっていると考えられている．このようにいうと，これから物理学を学ぼうとする学生諸君はいささか混乱を覚えるに違いない．しかし，この**光の2重性**という考え方は次のように考えれば少しは理解できるであろう．われわれは，光についてすべてを理解しているわけではない．そこで，実験結果を本当に予測できる理論を得るには，ある場合には波動の概念が必要であり，またある場合には粒子の概念を使わなければならないことになる．たとえば，干渉や回折のような現象を説明するには，光は波動と考えるのが最も適切である．しかし，光電効果のように，光と物質が相互作用する場合は，光は連続的な波ではなく粒子と考えなければならない．このような波動と粒子の2重性という考え方は，20世紀のはじめに，量子力学の発達に基づいて生まれてきたのである．

粒子説

光の本性については，古代ギリシャの時代から多くに人たちによって議論されてきた．しかし，これが本格的に議論されるようになったのは，17世紀に入ってからである．

17世紀になるとニュートンが登場する．彼は，光の直線性が強いことなどから，光は高速の微粒子線であると考えていた．彼は，この粒子説によって，光の直進だけでなく，媒質の境界面で起こる，光の反射や屈折も説明できることを示してみせた．すなわち，反射は境界面での粒子の完全弾性衝突として説明し，また，媒

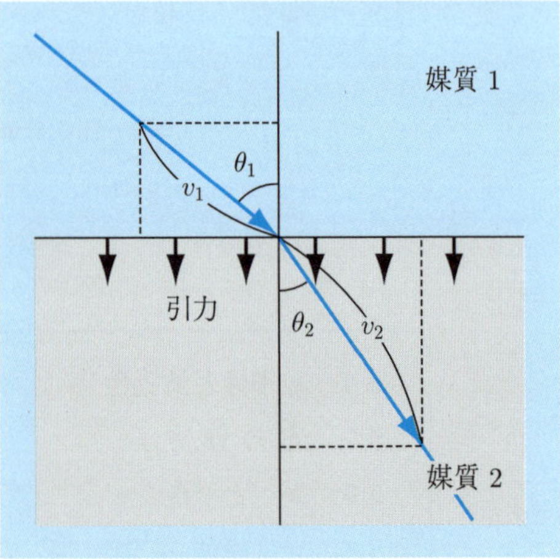

図 5.1 ニュートンによる屈折

質の境界面で起こる屈折は，境界で粒子にはたらく引力を考慮して，次のように説明した．

図 5.1 のように，光の粒子が，他の物質との境界にやってきて，その境界面を通過するとき，粒子は境界面に垂直な方向に引力を受ける．したがって粒子の速度は，境界面に平行な成分は変わらないが，法線方向の成分が変化する．そこで，媒質 1，媒質 2 の中での光粒子の速さを v_1, v_2 とし，入射角と屈折角をそれぞれ θ_1, θ_2 とすると，

$$v_1 \sin\theta_1 = v_2 \sin\theta_2$$

となり，これより屈折率 n は

$$n = \frac{\sin\theta_1}{\sin\theta_2} = \frac{v_2}{v_1} \tag{5.1}$$

と求められる．(5.1) は，$\theta_1 > \theta_2$ ならば，$v_1 < v_2$ となるので，たとえば，媒質 1 が空気で媒質 2 が水であれば，$v_1 < v_2$ となり，水中の方が空気中（真空中）よりも，光の速さは大きいことになる．

一方，第 2 章で学んだように，波動説の立場からでも，屈折の法則は説明される．しかし，その場合は (2.3) のようになり，(5.1) の右辺は分母と分子が逆になるため，$\theta_1 > \theta_2$ ならば，$v_1 > v_2$ となる．したがって，水中の方が，空気中よりも光の速さは小さくなる．

このように，粒子説と波動説では，空気中と水中の光の速さに対して逆の結論を導く．したがって，もし実験によって，空気中と水中の光の速さが測定できれば，粒子説と波動説のどちらが正しいかを直接判定することができるわけである．しかし，この実験による判定は，実際には 19 世紀まで待たねばならなかった．そして，19 世紀の半ばになって，フーコーによって実験室において空気中と水中の光の速さが初めて測定され，水中の光の速さが空気中よりも小さいことが実験的に示された．こうして，ニュートンの粒子説は終わりをつげたのである．

波動説

光の波動説もまた，17 世紀の半ばになって登場する．最初に光の波動性を示す現象を見出したのは，グリマルディーである．彼は太陽の光を小さな孔

を通して暗室内に導き，壁にその像を映したところ，光が直進するとしたときよりも像が大きくなり，しかもその周縁がぼやけていることに気づいた．彼はこの現象を光の回折と解釈し，光は波動に関係があると考えた．

光を**エーテル**と呼ばれる仮想的な媒質中を伝播する縦波だとする光の波動説は，1678年にホイヘンスによって初めて唱えられた．彼は，第2章で述べたホイヘンスの原理を用いて，光の反射，屈折，複屈折などの現象を，この波動説の立場から説明してみせた．しかし，ホイヘンスの原理には波長の概念が入っていないために，光はなぜはっきりした影を作って直進するかという問いに答えることができず，波動説は，ニュートンの権威に押されて世の支持が得られなかった．

19世紀に入ると，ヤングによる2つのスリットを通った光の干渉実験が行われ，その解析をフレネルが明確に定式化するに及んで，波動説は次第に優勢になっていった．さらに，前述のフーコーの水中の光の速さの測定の成功によって，その優位を決定的なものとした．また，光はエーテルの弾性縦波とする考えは，ヤングによって弾性横波であると改められた．

電磁波説

マクスウェルが電磁界の理論を立てたときは，電磁波はまだその存在が実験的に認められてはいなかった．しかし，その理論からは，

(1) 真空中では，電磁波と光の速さが一致する．

(2) 電磁波も光も横波である．

などが結論されることから，彼は，1873年に，「光は波長の短い電磁波である」という**光の電磁波説**を唱え，電磁波の存在を予言した．彼の予言は，その後ヘルツによって実験的に確かめられるに及んで，光の電磁波説は大きな発展を遂げるようになった．

マクスウェルの理論に従えば，真空中での電界の任意の成分を

$$u(x,y,z,t) = E_i(x,y,z,t,), \quad i = x,y,z$$

とすると，u は波動方程式

$$\frac{\partial^2 u}{\partial t^2} = c^2 \left(\frac{\partial^2 u}{\partial x^2} + \frac{\partial^2 u}{\partial y^2} + \frac{\partial^2 u}{\partial z^2} \right) \tag{5.2}$$

を満たす．ただし，

$$c = \frac{1}{\sqrt{\varepsilon_0 \mu_0}} \tag{5.3}$$

で，ε_0, μ_0 はそれぞれ真空の誘電率と透磁率である．

(5.2) は，c を波の速さ v と考え，u を x と t だけの関数とすると (3.2) と完全に一致する．このことは，電界の各成分も，弦や空気を伝わる波の媒質の変位と同じように，その振動が媒質中を速さ c で波（**電磁波**）として伝わっていくことを表している．

とくに，u を x と t だけの関数とすると，u は x 方向に進む 1 次元波である．また，電磁波を横波とすると，$E_x = 0$ となる．そこで，さらに $E_y \neq 0$, $E_z = 0$ と仮定すると，u は

$$u = E_y(x,t) = E_{0y} \sin\left\{\frac{2\pi}{\lambda}(x - ct)\right\} \tag{5.4}$$

となる．これは，y 方向に平行な電界が，振動しながら x 方向に伝わる正弦的な波を表している．

電磁波の表現を完成するには，電界に付随した磁界も考えなければならないが，(5.4) に対応する磁界成分の波は

$$u = B_z(x,t) = B_{0z} \sin\left\{\frac{2\pi}{\lambda}(x - ct)\right\} \tag{5.5}$$

となり，電界に垂直な成分が，電界と同位相で正弦波的に変化する．これを合わせて図示すると図 5.2 のようになる．

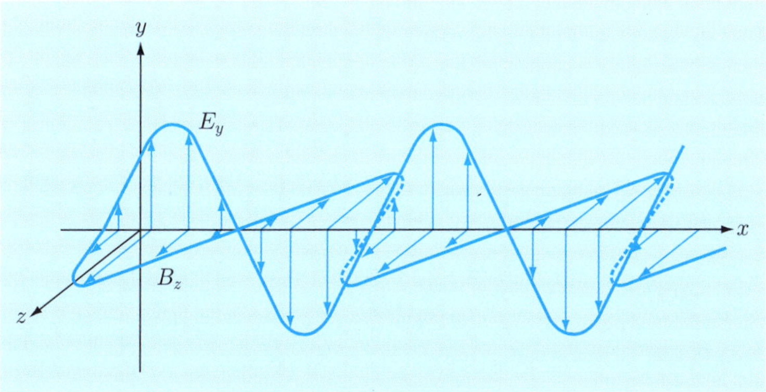

図 5.2 電磁波

エーテル

しかし，光を波と考えると，それを伝える媒質について難点が残ってしまう．光を弾性横波とすれば，それを伝える媒質はずれ弾性を示す固体でなければならないからである．ところが，光の媒質として仮想された**エーテル**を固体とすると，そのような固体エーテルの満ちた宇宙空間を，天体は何らの抵抗を受けることなく運動していることになり，まことに奇妙な話である．

この困難を解決したのはアインシュタインであった．彼は時間と空間を根本的に捉え直して，1905年に**特殊相対性理論**を完成させ，物質的な媒質であるエーテルが無意味であることを示した．この相対性理論の立場にたてば，電磁波を伝える性質は，**時間空間世界**（**時空**）そのもの特性であって，電磁波は，その時空に付与された電界と磁界の振動の伝播と考えられる．こうして，物質的なエーテルは否定され，波動説の難点が取り除かれて，光の電磁波説は確立された．

量子説

一方，19世紀も終わり近くなって，金属表面に波長の短い光を当てると，その表面から電子が放出される現象が発見された．この現象は**光電効果**と呼ばれ，放出された電子を**光電子**という．この光電効果では，光を連続的な波と考えたのでは説明できないいくつかの事実が見出されていた．

アインシュタインはこの光電効果を説明するために，プランクの**エネルギー量子**の考え方を光に適用して，ニュートンとは違った形で光の粒子性を仮定した．すなわち，彼は振動数νの光を，エネルギー$h\nu$（h：**プランクの定数**）をもち，cの速さで進む粒子の流れであるとし，この粒子を**光量子**または**光子**と呼んだ．そうして，彼は，電子が光を吸収するときは，1個の光子を丸ごと吸収すると考えることによって，光電効果の実験事実をすべて説明することに成功したのである．

このようにして，光は波動性と粒子性という，一見矛盾した2重の性質をもつことになったが，量子力学の発展とともに，この2重性は，互いに矛盾するものではなく，むしろ補い合って1つの性質となっていることが明らかにされていった．

5.2 光の速さ

光の速さは，われわれの日常的な感覚をはるかに超えていたために，16 世紀までは，光は伝わるのに時間を要しないと考えられていた．最初に光の速さも有限ではないかと考えて，実際に測定を試みたのはガリレイである．しかし，当時の時間の計測方法は，脈拍や水時計しかなく，とても光の速さが測れるというものではなかった．

このような大きな速度を測定するには，大きな距離を利用するか，短い時間を高い精度で計測することが必要である．ガリレイの後，多くの人がこの光の速さの測定のために，様々な工夫をこらし，また計測の精度を高める努力をしてきた．その結果，今日ではほとんど一致した値が得られており，近似的には $c = 3.0 \times 10^8\ \mathrm{m/s}$ と考えてよい．

ところで，物理定数の中には，その定義式の中に真空中の光の速さ c を含んでいるものが多くある．そのために，c の測定値が更新されると，その度にそれらのすべての物理定数を変更しなければならないことになる．そこで，現在 SI 単位系では，真空中の光の速さは，測定値と関係なく 1 つの物理定数として

$$c = 2.99792458 \times 10^8\ \mathrm{m/s} \quad （定義） \tag{5.6}$$

と定義する．したがって，たとえば，真空の誘電率は，(5.3) より

$$\varepsilon_0 = \frac{1}{c^2 \mu_0} = \frac{10^7}{4\pi c^2} \tag{5.7}$$

と表され，これも物理定数となる．ただし，真空の透磁率の方は，電流の単位の 1A（アンペア）を定義する際に，$\mu_0 = 4\pi \times 10^7\ \mathrm{N/A^2}$ と決められている．

以下に，光の速さの測定の歴史的な実験を 2, 3 紹介しておこう．

天文学的な測定法（レーマー，1676 年）

大きな距離といえば，地球のサイズ，地球と月の距離，惑星の軌道などが考えられる．しかし，光は 1 秒間に地球を 7 回り半もするから，地球サイズでは，時間に対するかなり高い計測技術が要求される．

最初の光の速さの測定は，惑星の軌道の大きさを利用したもので，レーマーによって行われた．彼は木星の衛星を観測していて，衛星が木星の影に入る

現象，すなわち食が起こる間隔が周期的に変化していることに気づいた．

木星の衛星の 1 つである Io（イオ）は木星の周りを約 42.5 時間で公転している．したがって，地球から観測すると，Io は約 42.5 時間ごとに木星の影に入るため食が起こるはずである．しかし，実際に観測される食と食との時間は年周変化を繰りかえしていることがわかった．天文学では，図 5.3 に示すように，太陽 S，地球 E，木星 J が地球をはさんで一直線に並ぶ状態を合（ごう），地球が太陽の反対側にきて，地球 E′，太陽 S，木星 J′ が太陽をはさんで一直線に並ぶときを衝（しょう）と呼ぶが，観測される周期は，合から衝までの約半年間は Io の周期よりも長くなり，衝から合までの半年間は短くなる．そのため，合から衝までの間に起こる 113 回の食の，最後の 113 回目の時間は予定よりも約 22 分遅れて観測された．

レーマーは，合から衝の間では，1 つの食から次の食の間に地球は木星から遠ざかっているため，光が木星から地球に届く時間に差ができ，それが周期の遅れとなって観測されると考えた．そう考えれば，113 回目の食の遅れの 22 分は，光がちょうど地球の公転の直径を進むのに要した時間ということになる．地球の公転軌道の直径は，当時すでにカッシーニよって測定されていて，2.9×10^{11} m とされていた．そこで，レーマーはこのカッシーニの値を用いて，光の伝わる速さを

$$c = \frac{2.9 \times 10^{11}}{22 \times 60} = 2.2 \times 10^{8}\ \mathrm{m/s} \tag{5.8}$$

と求めた．

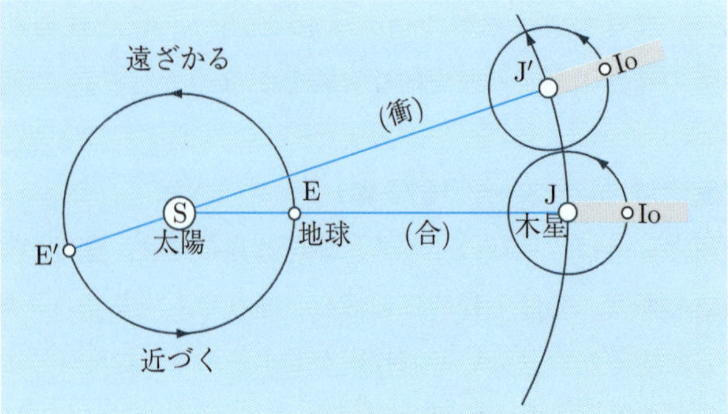

図 5.3 木星の衛星の食

その後の精密な測定によると，113 回目の Io の食の遅れは 1002 秒であり，また，地球の公転軌道の直径は 2.99×10^{11} m となる．これらの値を用いて，レーマーの方法で光の速さを求めると

$$c = \frac{2.99 \times 10^{11}}{1002} = 2.98 \times 10^{8}\ \mathrm{m/s} \tag{5.9}$$

となり，他の方法による測定値ときわめてよく一致した値が得られる．

地上の光源を用いた測定法（フィゾー，1849 年）

地上の光源を用いて光の速さを初めて測定したのはフィゾーである．地上では利用できる距離が限られているため，短い時間の精密計測に工夫が求められる．まず，彼の用いた装置を図 5.4 に示しておこう．これは回転している歯車の歯の間隙 F を通り抜けた光を，歯車の前方に置かれた凹面鏡によって反射させて再び F に戻し，そこで歯車の歯によって，その反射光が遮られる様子を調べることができるようになっている．

歯車が静止したままであれば，F は開いたままであるから，ガラス板上の P 点は明るくなる．しかし，歯車を回転させ，回転数を上げていき，反射光が F に戻ってきたとき，歯車がちょうど半コマだけ回転すると，反射光は歯によって遮られるため，P 点は暗くなる．フィゾーは，凹面鏡を歯車の前方 8.63 km の地点に置き，歯の数が 720 の歯車を用いて実験を行い，反射光が遮られるときの歯車の最小回転数が $12.61\ \mathrm{s}^{-1}$ であることを見出して，光の速さとして，

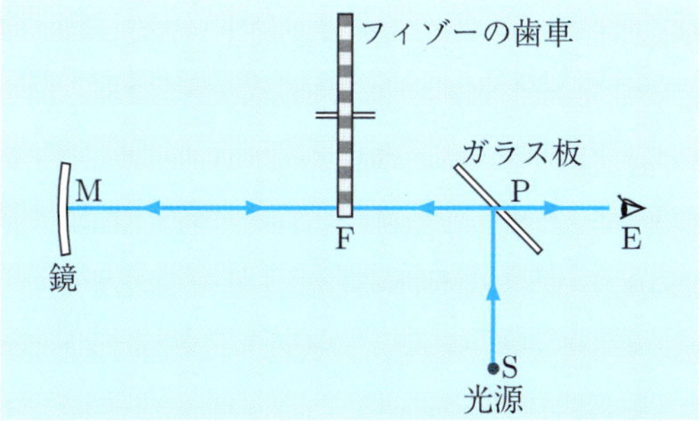

図 5.4 フィゾーの実験

$$c = (2 \times 8.63 \times 10^3) \times (2 \times 720 \times 12.61) = 3.13 \times 10^8\ \mathrm{m/s} \qquad (5.10)$$

を得た．

また，フィゾーと同じころ，前に述べたフーコーは，実験室の中をわずか 20 m 往復させるだけで光の速さを測定することに成功している．彼はまた，光の通路に水を入れた管を置いて水中の光の速さも測定し，その結果水中の光の速さが空気中よりも小さいことが実験的に確かめられ，ニュートン以来の粒子説が終止符を打つことになったのは，前節で述べた通りである．

マイケルソン・モーリーの実験（1887 年）

ここで，エーテルの存在を実験的に否定したという意味で，歴史的に重要なマイケルソン - モーリーの実験を紹介しておこう．

彼らは，異なる方向に進む光の速さを測定することによって，エーテルに対する絶対速度を検出しようと考えた．そこで，次のような方法で，地球の公転に平行な方向と垂直な方向について，それぞれ等しい長さの経路を光が伝わる時間を比較した．図 5.5 に示すように，光源 L から出た単色光をスリット S で細い光線にし，半透明の鏡 M_1 に入射させて，互いに直交する 2 つの光線に分ける．一方の光線は OA の方向に進み，鏡 M_2 によって反射され，さらに M_1 を通過して望遠鏡 T に向かう．もう一方の光線は M_1 を通り抜けて OB の方向に進み，鏡 M_3 によって反射されて M_1 に戻り，さらに M_1 で反射されてやはり T へ向かう．ここで，OA を地球の公転方向と垂直に，OB を平行にとると，どちらの光線も，鏡 M_1 の透過と反射に関しては条件が完全に同じであるが，OA と OB の部分では地球の運動に対する光の伝播の方向が相対的に違っている．

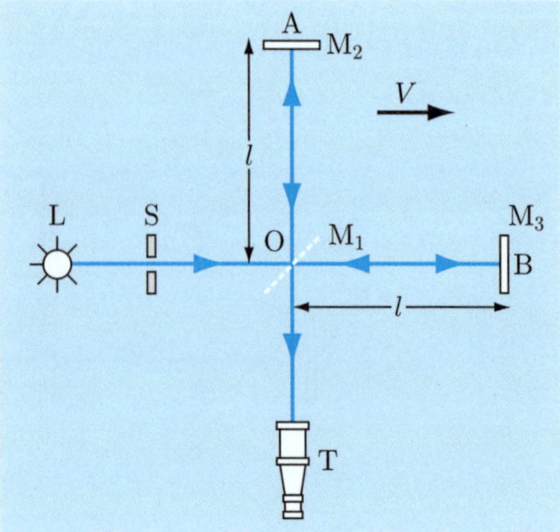

図 5.5　マイケルソン - モーリーの実験

そこで，もし光の速度が古典力学と同じ合成則に従うならば，地上に固定されたこの装置はエーテルの中を OB の方向に地球の公転速度 V で運動しているので，OB および BO 方向に進む光の地球に対する相対的な速度は，それぞれ $c-V$ および $c+V$ となる．そこで，$\mathrm{OB}=l$ とすると，光の経路 OBO を進むために要する時間 t_1 は

$$t_1=\frac{l}{c-V}+\frac{l}{c+V}=\frac{2lc}{c^2-V^2}=\frac{2l}{c}\left\{1+\left(\frac{V}{c}\right)^2+\cdots\right\} \tag{5.11}$$

となる．一方，OA の部分では，光が O から A に到達するまでの間に，鏡 M_2 が図 5.6(a) に示すように右方に移動する．そのため，この部分での装置に対する相対的な光の速度は，図 (b) から直ちにわかるように，$\sqrt{c^2-V^2}$ となり，光が経路 OAO を進むのに要する時間 t_2 は

$$t_2=\frac{2l}{\sqrt{c^2-V^2}}=\frac{2l}{c}\left\{1+\frac{1}{2}\left(\frac{V}{c}\right)^2+\cdots\right\} \tag{5.12}$$

となる．したがって，光が OB と OA をそれぞれ往復するのに要する時間には

$$t_1-t_2=\frac{l}{c}\left(\frac{V}{c}\right)^2 \tag{5.13}$$

だけの差が現れる．すなわち，2 つの光線には

$$2\pi\nu(t_1-t_2)=\frac{2\pi l}{\lambda}\left(\frac{V}{c}\right)^2 \tag{5.14}$$

の位相差ができる．ただし，ν, λ は光線の振動数と波長である．このため望

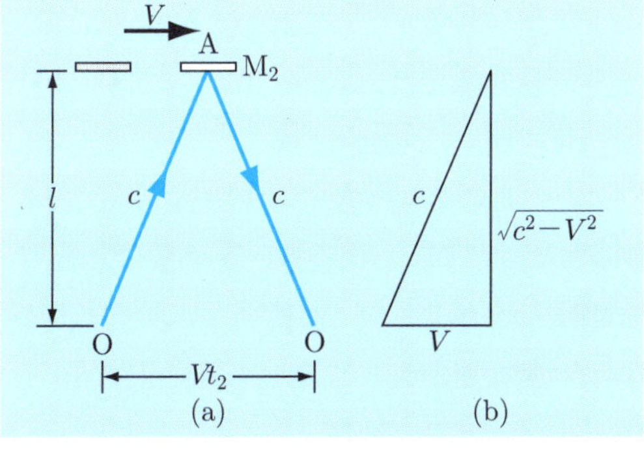

図 5.6　光の装置に対する相対速度

遠鏡Tに向かう光には，装置がエーテルに静止している場合にくらべて，この位相差に相当する干渉縞のずれが生じると予想される．

そこで，次に，この装置全体を90°だけ回転させて，地球の公転の方向に対してOAが平行に，OBが垂直になるようにする．こんどは，光がOAおよびOBを往復するに要する時間は前と逆になるので，その位相差は

$$2\pi\nu(t_1 - t_2) = -\frac{2\pi l}{\lambda}\left(\frac{V}{c}\right)^2 \tag{5.15}$$

となる．

そこで，マイケルソンとモーリーは，装置を90°回転させて，望遠鏡T内にみえる干渉縞模様の変化を観測すれば，地球のエーテルに対する絶対運動をみつけることができると考えた．このマイケルソンとモーリーの実験は干渉縞の変化を十分検出できる精度であったにもかかわらず，実際には，装置を回転しても何ら光路差の変化を観測することができなかった．

エーテルの存在は，こうしてマイケルソン - モーリーの実験によって否定されたのである．

5.3 光と色

可視光線

現在では光は疑いなく電磁波である．しかし，電磁波には光（可視光線）以外にも，光より波長の短いX線，γ線，あるいは光より波長の長い赤外線，さらにもっと波長の長いマイクロ波や電波がある．これらは，表5.1のように波長領域によって分類されている．これからわかるように，われわれの目でみえる光，つまり**可視光線**とは，$3.8 \times 10^{-7} \sim 7.8 \times 10^{-7}$ m という限られた狭い波長領域（**可視域**）の電磁波である．

目にみえるということは，明るさの感覚を引き起こすということである．われわれの耳で聞き取ることのできる音の周波数（振動数）領域が限られていたように，われわれの目が明るさを感じる光の波長（光の場合は振動数よりも波長が用いられることが多い）にも限界があって，われわれは3.8×10^{-7} mよりも波長の短い光や，7.8×10^{-7} mよりも波長の長い光を感じることはできないのである．

表 5.1 電磁波の区分と名称

波長（m）	名称			
				電波
10^4	LF （長波）			電波
10^3	MF （中波）			電波
10^2	HF （短波）			電波
10	VHF （超短波）			電波
1	UHF		マイクロ波	電波
10^{-1}	SHF		マイクロ波	電波
10^{-2}	EHF		マイクロ波	電波
10^{-3}		赤外線		
10^{-4}		赤外線		
10^{-5}		赤外線		
0.78×10^{-6}		可視光線		
0.38×10^{-6}		紫外線		
10^{-8}		紫外線		X線
10^{-9}				X線
10^{-10}				X線
10^{-11}			γ線	X線
10^{-12}			γ線	

色と波長

われわれは光をみて“**色**”を感じるが，この色の感覚は光の波長と密接に関係している．暗室の中で太陽の光をスリットを通してプリズムに導き，その背後にスクリーンを置くと，スクリーンに1列に並んだ虹色の縞が現れることはよく知られている（図 5.7）．これは，太陽の光には可視域のすべての波長の光が含まれていて，ガラスの屈折率が波長によって違うため，プリズムを通るときに，それぞれの波長の光が分かれて出てくると説明される．このように光を波長によって分けた（分光した）ものを**光のスペクトル**といい，とくに，単一波長の電磁波だけを含む純粋な光を**単色光**という．単色光に対するわれわれの知覚的な色応答は波長に依存しており，太陽光のスペクトルの色は，波長の長い順に，赤，オレンジ，黄，緑，青，藍，すみれと連続的に変化する．最後の最も波長の短い光に対する色の名称は，しばしば“紫”と呼ばれることが多いが，紫は赤とすみれの混色で得られる色で，スペクトルには現れない（表5.2）．

光の波動説によれば，光の屈折率は境界面を挟む2つの媒質中の光の速さの比によって決まり，(2.3)で与えられる．したがって，ガラスの屈折率はガラス中の光の速さに依存する．光の速さは真空中では波長によらず一定であるが，ガラス中では波長によって変化し，波長が短いほど遅くなる．そのため，波長の短い光ほど屈折率が大きく，したがって，プリズムによって大きく曲げられる（分散される）．こうして，スクリーン上に赤，オレンジ，…，すみれの順に色の縞模様がつくられることになる．

表5.2 単色光の波長と色名

単色光の波長 (nm)	色 名
380～430	青みがかったすみれ
430～467	すみれがかった青
467～483	青
483～488	緑がかった青
488～493	青緑
493～498	青みがかった緑
498～530	緑
530～558	黄みがかった緑
558～569	黄緑
569～573	緑がかった黄
573～578	黄
578～586	黄みがかったオレンジ
586～597	オレンジ
597～640	赤みがかったオレンジ
640～780	赤

このように，色の違いは光の波長の違いである．われわれの耳が音波の周波数の大小を音の高低として感ずるように，光の波長の大小をわれわれの目は色の違いとして感じているというわけである．

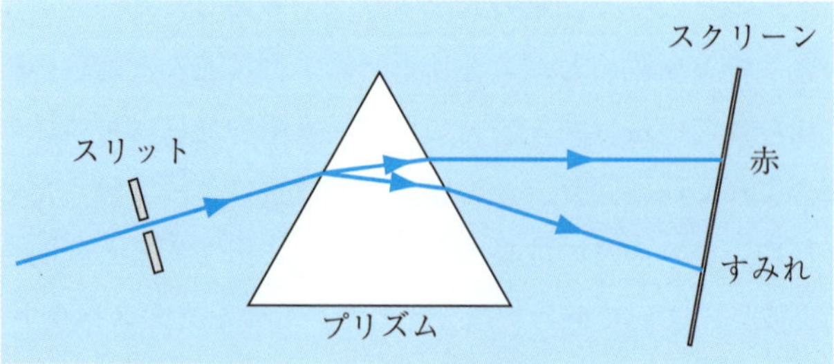

図5.7 光の分散

光の3原色と色の3原色

われわれの目には，緑の光と赤の光を混ぜると黄色にみえる．このようにしてできる黄色の光は，緑の色に対応する波長（540 nm）の光波と，赤色に対応する波長（700 nm）の光波を重ね合わせたもので，単色の黄色（575 nm）の光波とは波形が違った波である．一般に，単色の光の混合によってできるすべての光の色は，それぞれの混合の比によって決まっている．しかし，この黄色の場合のように，単色光の違った混合であるにもかかわらず，われわれの目にはまったく区別のつかない同じ色にみえることがしばしば経験される．

われわれが，光をみて色を感ずるのは，大脳皮質の視覚中枢に現れる知覚反応のためである．光は眼球によりまず網膜に導かれるが，網膜上には光を感知する視細胞が配置されていて，光のになう情報を感知し，それを電気信号として大脳皮質の視覚中枢へ伝える．こうして色感が生じる．

ところで，われわれの視細胞には明暗を識別する**桿体細胞**と色の識別に関わる**錐体細胞**がある．とくに錐体細胞には，分光感度のピークの位置（波長）が，それぞれ青（blue），緑（green），赤（red）に対応して，445 nm，525 nm，580 nm 付近にある B 錐体，G 錐体，R 錐体の 3 種類がある．図 5.8 はこれらの 3 錐体に光が当たったときの出力の波長依存性を模式的に示したものである．図からわかるように，目に入る光の波長が変わると，それに伴って 3 種類の錐体の出力比が変化する．この出力比をわれわれは色と認識しているわけである．

これは逆にいえば，3 種類の錐体の出力比が同じであれば，どんな光でも同じ色にみえることになる．実際にテレビやパソコンのディスプレイなどでは，この原理を利用して赤と緑と青の発光体だけで様々な色を映し出しているのである．そこで，この 3 つの色の光を **“光の 3 原色”** という．光の 3 原色を合わせると，3 種類の錐体の出力の和がほとんど波長依存性をもたなくなる．この状態を白色という．したがって，太陽光は白色光である．

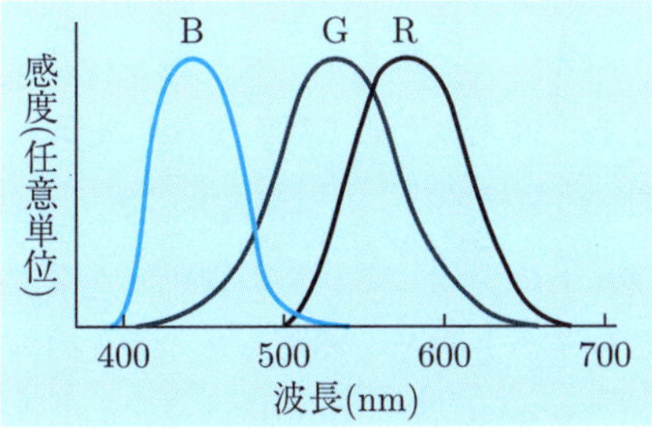

図 5.8　視細胞の感度曲線

物体の色や絵の具の色は，吸収されずに反射された光の波長で決まる．違う色の絵の具を混ぜ合わせると吸収される光が増えることによって色が変わる．したがって，光の場合と違う赤紫（magenta），

青 (cyaan), 黄色 (yellow) の3色でほぼすべての色を作ることができる．この3つの色は “**色の3原色**” と呼ばれる．色の3原色を合わせると黒色になる．

5.4 光は横波 — 偏光

光の偏り

光は，他の電磁波と同様に，電界と磁界が進行方向と垂直な方向に振動している横波である．このときの電界（または磁界）の振動の方向を「**偏り**」といい，光の進行方向と電界（または磁界）の振動方向を含む面を**偏光面**という．

光の電界と磁界は互いに直角方向に振動している．したがって，そのどちらに注目するかによって偏光の振動方向（偏り）の指定法が違ってくる．本書では，電界の振動方向を偏光の振動方向にとることにする．

自然光と偏光

一般に自然光は光源の各原子から自発放射によって放出された光子の集まりである．光子は光の2重性から波（光波）でもあり，したがって，それぞれは偏りをもっている．しかし，個々の原子は他の原子と無関係に光子を放出するために，それによって生じた光波の偏りはさまざまであって，そのため自然光は結果として偏っていない．

このように，太陽光や白熱電球などの光では，電界または磁界の振動方向が，進行方向に垂直な平面内で一様に分布している．これに対して，振動の分布が垂直面内で一様でない光は**偏光**と呼ばれる．したがって，そのような偏光がもし得られれば，それを使って，光が横波であることを実験的に示すことが可能になる．

偏光は，自然光を，偏光板に入射させることによって簡単に得ることができる．偏光板としては，従来は電気石板のような天然の結晶が用いられていたが，最近では，人造偏光板（**ポーラロイド**）が広く用いられている．ポーラロイドは整列した多くの長い分子でできていて，光波の電界の方向が整列する分子の方向と一致すると，分子の内部に電流が流れて光は吸収されてしまう．したがって，偏光板は，この方向に電界が振動する光を透さない．これに対して，電界の振動方向が分子の向きに垂直な光の場合には，分子に電流

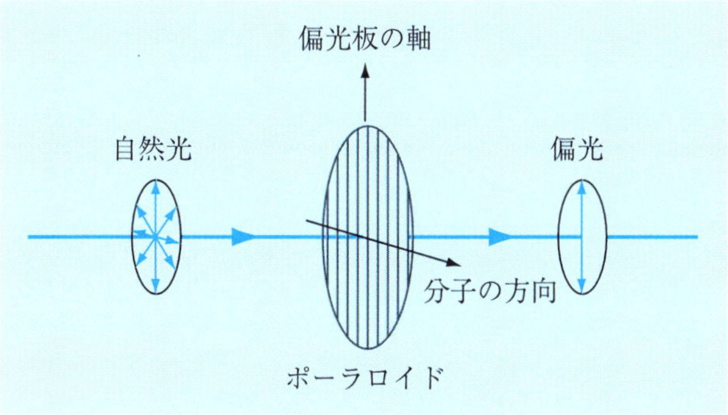

図 5.9　偏光板で偏光をつくる

が流れることはなく光は吸収されないので，偏光板を透過する．そのため，自然光を，ポーラロイドに入射すると，図 5.9 に示すように，分子の整列方向に垂直に振動する光だけが透過して，偏光が得られる．とくにこのように電界が特定の方向に振動している光を**直線偏光**という．

光が横波であることを示す実験

2 枚の偏光板を使うと，光が横波であることを，次のようにして簡単に確かめることができる．

いま，2 枚の偏光板 A, B を重ねて置いて，それに自然光を入射してみる．図 5.10(a) のように 2 つの偏光板の軸を一致させると，偏光板 B を透過して出てくる光は最も明るくなることが確かめられる．そこで，この状態から，一方の偏光板（たとえば B）を回していくと，透過する光は次第に暗くなり，ちょうど 2 枚の偏光板の軸の方向が垂直になる（図 (b)）と，透過光はほとんど無くなる．

この事実は，光が横波であると考えると説明できる．まず図 5.10(a) の状態を考えよう．偏光板 A を透過した光は，前述のように A の軸方向に偏っている．すなわち，この偏光は，電界が A の軸方向に振動しているため，偏光板 B の軸がこの振動の方向と一致する場合にのみ B を透過することができる．したがって，図 (b) の状態のように，B の軸がこの偏光の電界の振動方向と直交していると B を透過することができない．

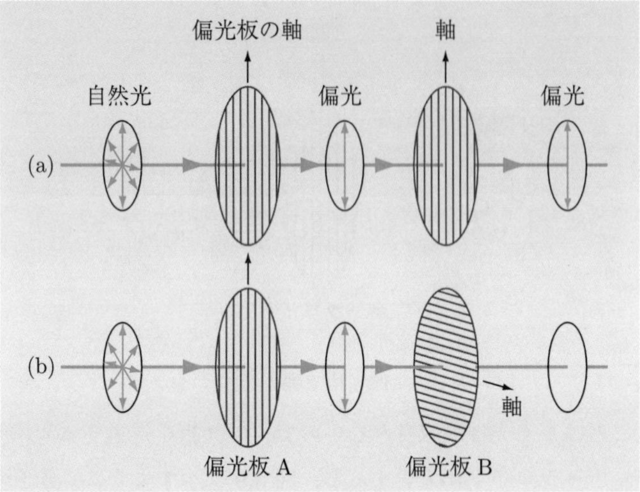

図 5.10　**光は横波**

反射による偏光

自然光が媒質の境界面で反射されるときも，反射光は部分的に偏光になる．これは，入射面に平行に振動する直線偏光 P と，入射面に垂直に振動する直線偏光 Q とで，反射率が違っているためである．いま，P と Q について，反射率を入射角に対してプロットすると図 5.11 のようになる．したがって，自然光を入射すると，面に平行に偏った成分の反射率が相対的に減るため，反射光は部分的に面に垂直に偏っている．とくに，入射角が図の α_P に一致するときは，P の反射率は 0 となり，反射光は完全な直線偏光 Q のみになる．

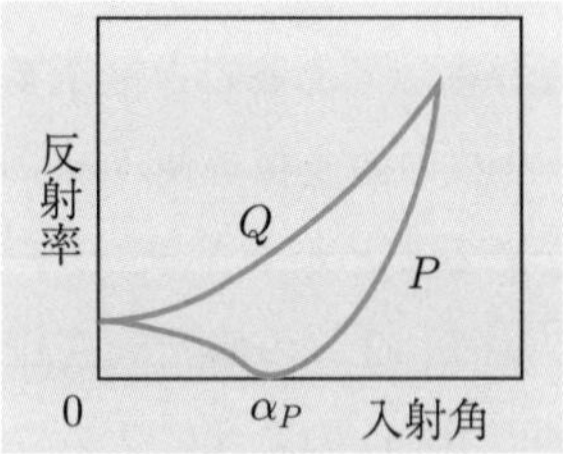

図 5.11　**反射率と偏光**

第 5 章例題

例題 5.1 **ブルースター角**

電磁波理論によれば，媒質の境界面での 2 種類の直線偏光 P と Q の反射における振幅反射率 r_P, r_Q は，α, β を入射角および反射角とすると，

$$r_P = -\frac{\tan(\alpha - \beta)}{\tan(\alpha + \beta)}, \quad r_Q = -\frac{\sin(\alpha - \beta)}{\sin(\alpha + \beta)} \tag{5.16}$$

となる．ただし，負号は位相が逆転することを表している．また，図 5.11 の反射率は光の強さの反射率で振幅反射率の 2 乗にあたる．

(1) r_P が 0 となる入射角 α_P は**ブルースター角**と呼ばれる．入射角が α_P のときは，反射光線と屈折光線の方向が垂直になることを示せ．

(2) 屈折率が，$n = 1.54$ のガラスのブルースター角を求めよ．

(3) 屈折率 n のガラス板に垂直に入射したときの①振幅反射率，および②光の強さの反射率を求めよ．

解答 (1) (5.16) から，$r_P = 0$ となるには，

$$\tan(\alpha_P - \beta) = 0 \quad \text{または} \quad \tan(\alpha_P + \beta) = \infty$$

のときである．$\alpha \neq \beta$ であるから，

$$\alpha_P + \beta = \frac{\pi}{2} \tag{5.17}$$

(2) 屈折率の定義に (5.17) を代入すると，

$$n = \frac{\sin\alpha_P}{\sin\beta} = \frac{\sin\alpha_P}{\sin(\pi/2 - \alpha_P)} = \frac{\sin\alpha_P}{\cos\alpha_P} = \tan\alpha_P$$

したがって，ガラスのブルースター角 α_P は，$\alpha_P = \tan^{-1}(1.54) = 57°$

(3) 垂直入射であるから，$\alpha \approx \beta \approx 0, r_P \approx r_Q, n = \alpha/\beta$

① 振幅反射率 r： $r \approx -\dfrac{\alpha - \beta}{\alpha + \beta} = -\dfrac{\alpha/\beta - 1}{\alpha/\beta + 1} = -\dfrac{n-1}{n+1}$

② 光の強さの反射率 R： $R = r^2 = \left(\dfrac{n-1}{n+1}\right)^2$

例題 5.2 **円偏光**

x 軸方向に進む，波長 λ，角振動数 ω，電界の振幅 E が等しく，位相が $\pi/2$ だけ異なる 2 つの光を考える．一方は電界が y 軸方向に振動しており，他方は z 軸方向に振動しているとする．この 2 つの光を重ね合わせてできる合成光は，x 軸に垂直な面内で電界がどのような運動をするか．

解答 合成光の電界の y, z 成分は

$$E_y(x,t) = E\sin\left(\omega t - \frac{2\pi}{\lambda}x + \frac{\pi}{2}\right) = E\cos\left(\omega t - \frac{2\pi}{\lambda}x\right)$$

$$E_z(x,t) = E\sin\left(\omega t - \frac{2\pi}{\lambda}\right)$$

と表される．すなわち，合成光の電界は，大きさが E で，y 軸とのなす角が

$$\theta(x,t) = \omega t - \frac{\pi}{2}$$

のベクトル

$$\boldsymbol{E}(x,t) = (E_y, E_z)$$

で表される（図 5.12(a)）．したがって，x 軸上の任意の点での電界ベクトル $\boldsymbol{E}$ の先端は時間とともに，半径 E の円周上を角速度

$$\frac{d\theta}{dt} = \omega$$

で回転する．このような $\boldsymbol{E}$ で表される光を**円偏光**といい，ω が正なら**左回りの円偏光**（図 5.12(b)），負ならば**右回りの円偏光**（図 5.12(c)）という．また，左回りと右回りの円偏光を重ね合わせると直線偏光（図 5.12(d)）になり，逆に直線偏光は，左および右回りの円偏光に分解できる．

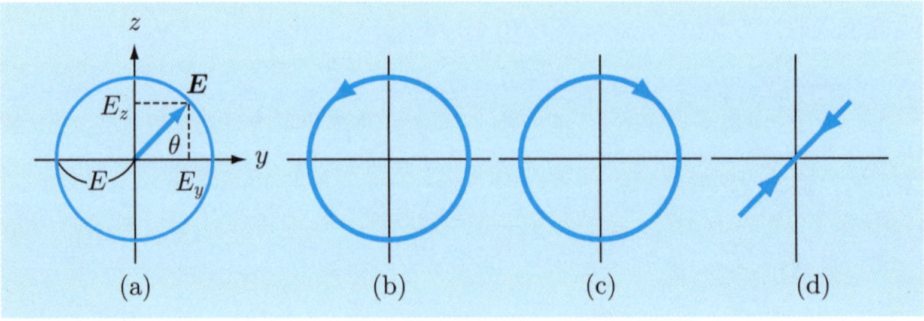

図 5.12

例題 5.3 光行差と光の速さ

天頂近くのすべての恒星は，地球からみた方向が 1 年周期で変化していて，角度直径が $40.5''$ の円運動をしている．ブラッドレイは，この視差の原因を，有限の速さをもって星から来る光を，公転速度で運動している地球上から観測するために起こる星のみかけ上の位置の変化，つまり**光行差**であると考えて，光の速さを求めることに成功した．地球の公転速度（$v = 29.78\,\mathrm{km/s}$）を用いて光の速さを求めよ．

解答 公転速度が逆向きである軌道上の 2 点におけるみかけの方向の差が最大視差を与えるから，光行差は図 5.13 より

$$\delta = \frac{40.5''}{2} = 9.82 \times 10^{-5}\,\mathrm{rad}$$

である．この光行差は地球の公転速度を v，光の速さを c とすると，

$$\tan\delta = \frac{v}{c}$$

の関係にある．したがって，光速 c は

$$c = \frac{29.78 \times 10^3}{9.82 \times 10^{-5}} = 3.03 \times 10^8\,\mathrm{m/s}$$

と求められる．ただし，δ は小さいから，角度を rad で測ったとき，

$$\tan\delta \approx \delta$$

を用いた．

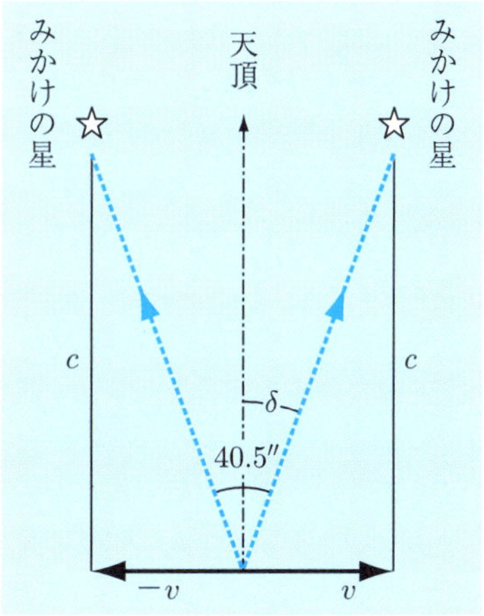

図 5.13

真の星の方向の年周視差は，きわめて小さく，最も近い恒星でも，角度 $1°$ 以下である．

第5章演習問題

[1] 光は粒子性と波動性をもっている．次の現象は，それぞれ粒子性と波動性のどちらの性質によって説明されるか．

(1) シャボン玉が色づいてみえる．

(2) ポーラロイドのサングラスをかけて水面をみると，反射光だけがカットされてみえる．

(3) 金属に光をあてるとき，光の波長がある値以下であると，光の強度をいくら強くしても金属から電子は放出されない．

(4) 光が真空中から物質に入射するとき，入射角より屈折角の方が小さい．

(5) 物質によって散乱されたX線の中には，入射X線よりも波長の長い成分が含まれる．

(6) 日光浴をすると，日に焼ける．

(7) 太陽からの光を小さな孔を通して暗室に導き，壁に像を映すと，光が直進するとしたときよりも，像が大きくなり，その周縁がぼやける．

(8) 光源から出た光を1つのスリットに通した後，2重スリットに分けて通し，後方のスクリーン上で観測すると，スクリーン上に明暗の縞ができる．

[2] 光が屈折率 n_1 の媒質から，屈折率 n_2 の媒質に入射するとき，$n_1 > n_2$ であれば，入射角がある臨界角 θ_C よりも大きくなると，屈折光は無くなり，すべてが反射光となる．この現象は**全反射**と呼ばれる．

(1) 臨界角 θ_C を屈折率 n_1, n_2 で表せ．

(2) 水中から空気中へ進む光線の臨界角 θ_C を求めよ．ただし，室温における水と空気のこの光線に対する屈折率は，それぞれ1.333および1.000である．

[3] 媒質の屈折率が連続的に変わる場合も光の屈折が起こる．空気の屈折率は密度が小さいほど減少する．このことを考慮して，日没直前太陽の高さが実際よりも高くみえる理由を説明せよ．

第6章

幾何光学

光線の幾何学

すばる望遠鏡

（提供：国立天文台）

本章の内容

6.1 フェルマーの原理

幾何光学

前章で述べたように，光は波動性と粒子性の両面を兼ね備えている．したがって，その進み方は，一般の波と同様にホイヘンスの原理から求めることができる．実際に，光は均質な媒質中では直進し，異なる媒質との境界面ではホイヘンスの原理から導かれる法則に従って反射し，屈折する．しかし，カメラや光学顕微鏡，天体望遠鏡などの多くの光学機器の原理を理解し，それを設計しようとする場合には，ホイヘンスの原理は必ずしも実用的ではない．

そこで，そのような光学機器を設計する場合の重要なツールとして，光の本質は問題にせず，光の経路を単に幾何学的な線，つまり**光線**として扱う**幾何光学**が用いられる．小さい孔から漏れる光を暗室で観察すると，1本の光線となって直進するようにみえる．しかし，厳密にいえばこれは直線ではなく，少しずつ広がり，やがてぼやけて行く．それでも，孔の直径に比べて波長が十分に短ければ，この広がり無視できて，光は光線とみなすことができるであろう．このように，幾何光学は，光の波長が対象物体よりも十分短いという条件の下で成り立つ光学理論である．

幾何光学では，光は光線の集まりと考え，それぞれの光線は

(1) 均質な媒質中を直進する．

(2) 異なる媒質との境界面では，反射・屈折の法則に従ってその方向を変える．

(3) 光は経路を逆に進むことができる．

という3つの経験則に基づいている．

フェルマーの原理

前述の3つの経験則は，いずれも**フェルマーの原理**から統一的に導くことができる．1657年にフェルマーによって提唱されたこの原理は，次のようにいい表すことができる．

『光線が任意の光学系を通って点Aから点Bに達するときに，物理的に可能な経路の中で所要時間が最も短い経路をとる．』

すなわち，“自然はつねに最短の過程を経て起こる” というわけである．

これは積分を使って次のようにいい表すこともできる．光の速さを v とすると，経路に沿った微小距離 ds を進む時間は ds/v であるから，

『光が点 A から点 B に達する場合は，この間に要する時間

$$\int_{\mathrm{A(C)}}^{\mathrm{B}} \frac{1}{v} ds \tag{6.1}$$

が最小（より正しくは極値，すなわち最大値または最小値）になる経路 C を取る』

となる．また，真空中の光の速さを c とすると，屈折率 n は

$$n = \frac{c}{v} \tag{6.2}$$

であるから，(6.1) は

$$\int_{\mathrm{A(C)}}^{\mathrm{B}} n ds \tag{6.3}$$

といい直すこともできる．(6.3) の積分は AB 間の**光学距離**と呼ばれる．

光は直進する — 幾何光学の法則 (1)

光が均質な媒質中を A から B へ進む場合は，媒質中の光の速さは一定なので，(6.3) を最小にする光の経路 C は A，B を結ぶ直線となる．幾何光学における経験則 (1) は，こうしてフェルマーの原理から直接に導かれる．

反射の法則

反射の法則も，フェルマーの原理によれば，図 6.1 のように，“点 A から出た光が，媒質の境界面で反射されて，A と同じ側の点 B に達するときの光学距離が最小になる条件” として導かれる．

いま，図 6.1 のように，境界面（反射面）M に関する A の鏡像点 A′ を考え，A′ と B を結ぶ直線が M と交わる点を C とすると，光がこの C で反射されて B に至る経路をとるときの光学距離は

$$n(\mathrm{AC} + \mathrm{CB}) = n\mathrm{A'B} \tag{6.4}$$

である．ただし，n は A, A′ のある側の媒質の屈折率である．一方，光が M 上の C 以外の点 C′ で反射されて B に至る経路をとるとすると，このときの光学距離は

$$n(\mathrm{AC}' + \mathrm{C}'\mathrm{B}) = n(\mathrm{A}'\mathrm{C}' + \mathrm{C}'\mathrm{B}) > n\mathrm{A}'\mathrm{B} \quad (6.5)$$

となり，C で反射される場合に比べて必ず長くなる．したがって，A から出た光線は C で反射されて B へ進むことになる．このとき C で反射面 M に法線をたてると，法線は三角形 ΔACB と同一平面内にあり，また図から明らかなように，入射角と反射角，つまりこの法線と AC および BC とのなす角 θ_1, θ_3 は互いに等しくなる．こうして，フェルマーの原理から反射の法則が得られる．

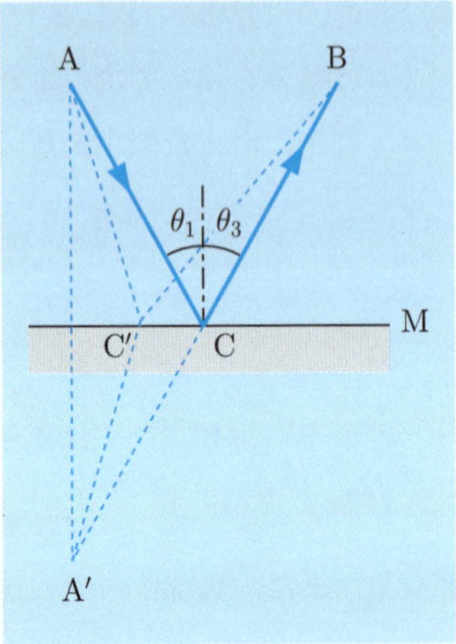

図 6.1　反射の法則

同様にして，屈折の法則もまたフェルマーの原理から導くことができる．これについては，例題 6.1 で扱う．

6.2 平面鏡による反射

点光源

われわれは，日常の生活の中で鏡をみる，正確にいえば鏡が作る像をみる機会が多い．ここでは，鏡の前の物体と，鏡の中の像との間にどのような関係があるかを考えてみよう．

幾何光学では光線とならんで**点光源**という抽象化された概念が用いられる．これは，図 6.2 に示すように，あらゆる方向に光線の束を放射する点状の光源である．たとえば，光に照射されている微小物体は，あらゆる方向に光を反射し，光線を放射しているから，点光源とみなすことができる．一般に鏡やレンズがつくる物体の像

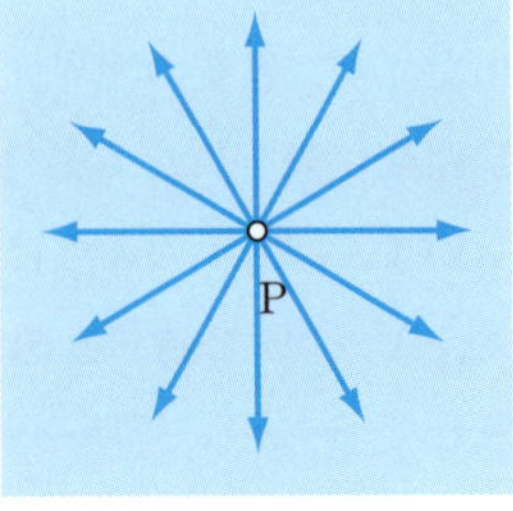

図 6.2　点光源

を求める場合，物体の各微小部分は点光源として扱われる．

虚像と実像

さて，図6.3のように，平面鏡Mの前方に置かれた点光源Aから放射される光線が，鏡によって反射される様子を調べてみよう．鏡に入射したすべての光線は，反射の法則に従い鏡の前方に反射される．この場合，反射光の方向は，入射光の方向と入射点における鏡面の法線を含む平面内にあって，法線に対して対称な方向である．これらの反射光線は，それぞれの方向が異なっており，それを逆にたどると，すべての光線が，鏡面の後方のAに対して対称な点Bを通る．そのために，反射光線をみるかぎり，それらはあたかも点Bから放射されているようにみえることになる．そこで，このように仮想の光線が集まって結像し，そこから仮想の光線が放射するものを**虚像**という．これに対して，実際に光線が集まって結像し，放射するときの像は**実像**と呼ばれる．

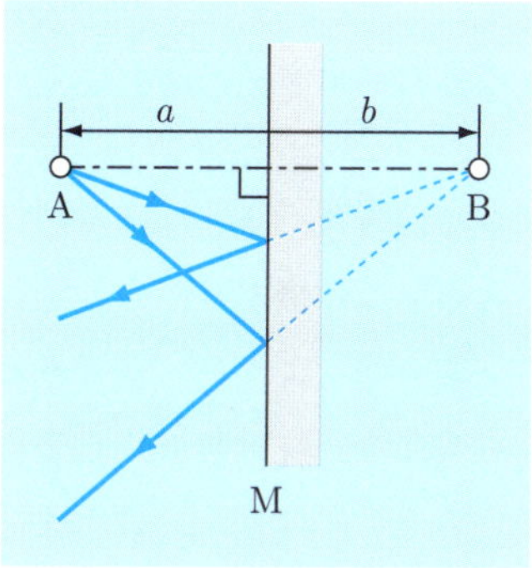

図6.3 平面鏡による像

図6.3からも明らかなように，Aと平面鏡による虚像Bは，互いに鏡面に対して面対称の位置にある．ところで，一般に鏡やレンズなどの光学系において，物体や像の位置を指定する場合，光学系に垂直な軸（あるいは方向）を決めて，その軸に沿って光学系の前方（光源の側）を正にとり，後方を負にとる．したがって，点Aおよび像Bの位置は，それぞれ

$$a \quad (>0) \quad \text{および} \quad b=-a \quad (<0) \tag{6.6}$$

である．

平面鏡の倍率

Aが大きさをもつ物体の場合は像Bもまた大きさをもつ．そこで，光学系の軸に垂直な方向に沿ったの物体の大きさ（すなわち高さ h）と像の大きさ

(高さ h') を比べてみよう．図 6.4 から明らかなように，物体の各点の像は，それぞれ鏡に対して対称な位置にできるから，$h' = h$ である．すなわち，平面鏡の倍率 m は

$$m = \frac{h'}{h} = 1 \qquad (6.7)$$

である．この倍率は，その定義からも明らかなように，目でみる大きさの比を（視野角の比）を表しているものではない．たとえば，平面鏡に対して物体よりも遠い位置から，物体とその像を眺めた場合は，像の方が小さくみえる．

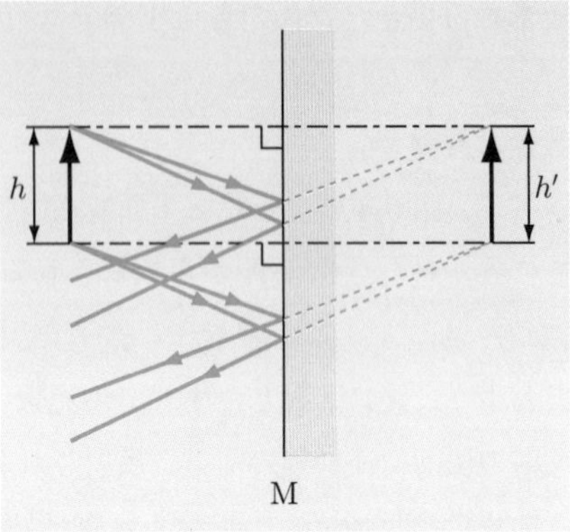

図 6.4 平面鏡による像（倍率）

6.3 球面での反射と屈折

球面鏡（凸面鏡）による反射と結像

図 6.5 のように，点 C を中心とする半径 R の球面からなる凸面鏡を考え，この凸面鏡による光線の反射および結像の性質を調べよう．

点 A から出て球面上の点 P に入射する光線が，そこで BP の方向に反射されるものとする．P での反射は，光線が十分に細ければ，平面における反

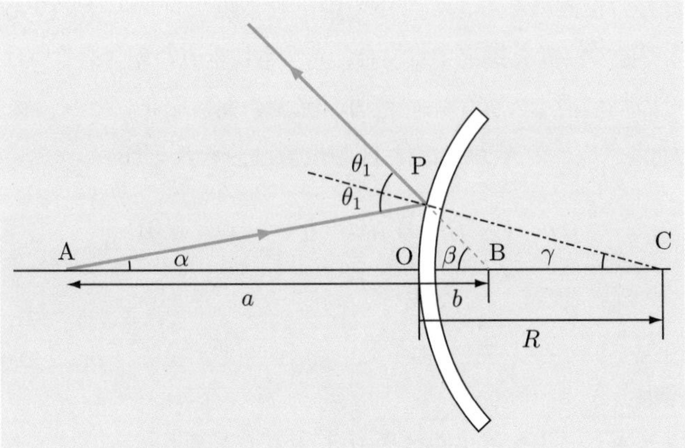

図 6.5 凸面鏡による反射

射法則がそのまま成り立つと考えてよいであろう．ここで，AC を結ぶ軸を考え，この軸と球面との交点を O，反射光線の延長線との交点を B とする．軸上の各点の位置は，O からの距離で表し，前節で述べたように，O からみて光源（A）側を正とする．すなわち，A, B, C の位置は，それぞれ

$$\mathrm{A}:\quad a \quad (>0),\qquad \mathrm{B}:\quad b \quad (<0),\qquad \mathrm{C}:\quad R \quad (<0)$$

である．また，光線のたどる経路に関連した角度の記号は図のように決める．

図 6.5 から明らかなように，角度の間には

$$\theta_1 = \alpha + \gamma, \quad 2\theta_1 = \alpha + \beta \tag{6.8}$$

の関係がある．また，これらより θ_1 を消去すると，

$$\alpha - \beta = -2\gamma \tag{6.9}$$

が得られる．ここで，α が十分に小さい光線（**近軸光線**）だけを考えることにすると，他の角もすべて小さいので，

$$\alpha \approx \tan\alpha \approx \frac{\mathrm{OP}}{a}, \quad \beta \approx \tan\beta \approx \frac{\mathrm{OP}}{(-b)}, \quad \gamma \approx \tan\gamma \approx \frac{\mathrm{OP}}{(-R)} \tag{6.10}$$

が成り立つ．これらの式を (6.9) に代入すると，a, b, R について，

$$\frac{1}{a} + \frac{1}{b} = \frac{2}{R} \tag{6.11}$$

の関係式が得られる．これは a が与えられれば b が決まることを表しており，A から出て球面で反射される近軸光線は，α に関係なく，すべて B から出た光線と同じように振る舞うことがわかる．そのため，反射光をみるかぎり，それはあたかも点 B から出たようにみえる．すなわち，B は前節の平面鏡の場合と同様に A の像であって，この場合も仮想的な光線が集まった虚像である．

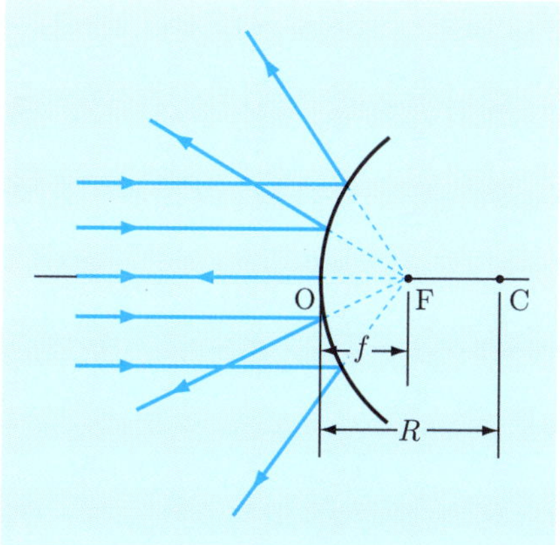

図 6.6 **凸面鏡の焦点**

(6.11) において，$a \to \infty$ と

すると，$b \to R/2$ となる．したがって，光源 A を十分遠方に置き，軸に平行な光線が球面に当たるようにすると，反射光線はすべて B から出ているようにみえる（図 6.6）．この点 F を**凸面鏡の焦点**という．また，このときの b の値（$b = R/2$）を f と書いて，**凸面鏡の焦点距離**と呼ぶ．この焦点距離 f を用いると，(6.11) は

$$\frac{1}{a} + \frac{1}{b} = \frac{1}{f} \tag{6.12}$$

となる．ここで，各文字の符号は，前に述べた通り

$$a > 0, \quad b, f < 0 \tag{6.13}$$

である．

凹面鏡による反射と結像

凹面鏡の場合の反射と結像の様子を図示すると，図 6.7 のようになる．凸面鏡と違って，こんどは球面の中心 C は鏡面の前方（つまり光源側）にあるため，$R > 0$ となる．一方，反射光線またはその延長線と軸との交点 B は，A の位置に依って，鏡面の前方へくる場合と後方へくる場合とがあって，

$$a > \frac{R}{2} \equiv f \quad \text{ならば} \quad b > 0 \quad （鏡面の前方）$$

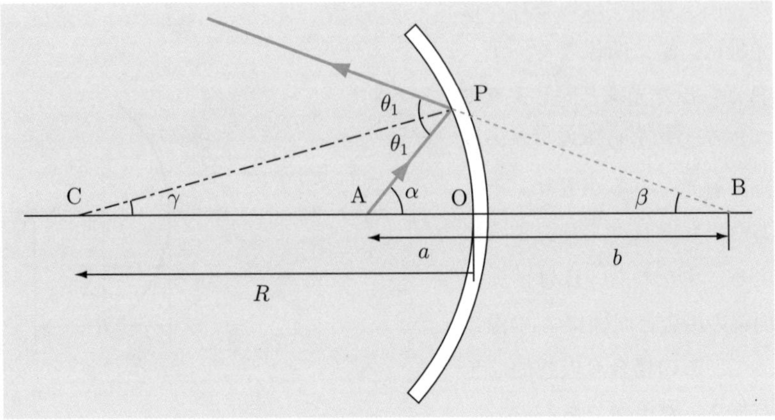

図 6.7　凹面鏡による反射

$$f > a > 0 \quad \text{ならば} \quad b < 0 \quad \text{（鏡面の後方）}$$

となる．また，角 α, β, γ を凸面鏡の場合と同じに定義すると，それらの間には，(6.8) の関係が成り立つ．そこで，角についての符号に留意すれば，軸上の点 A, B, C の位置について，(6.11)，(6.12) はそのまま成り立つことがわかる．すなわち，凹面鏡の場合の結像の式もまた，(6.11)，(6.12) で与えられる．

球面による屈折

次に，媒質 1（屈折率 n_1）と媒質 2（屈折率 n_2）の境界が球面である場合の屈折を考えよう．図 6.8 に示すように，球面の中心を C，半径を R とし，光源 A は球面の前方，すなわち媒質 1 の側にあるものとする．また，これまでと同様に A, C を結ぶ軸を考え，軸と球面との交点を O とし，A から出た光線は球面上の点 P に入射し，そこで屈折して媒質 2 へ進む．その場合の屈折光またはその延長線が AC 軸と交わる点を B とする．

いま，入射角を θ_1，屈折角を θ_2 とし，角 α, β, γ を反射の場合と同様に定義すると，これらの間には

$$\theta_1 = \alpha + \gamma, \quad \theta_2 = -\beta + \gamma \tag{6.14}$$

が成り立つ．また，近軸光線だけを考えることにすると，

$$n_1\theta_1 = n_2\theta_2, \quad \alpha \approx \frac{\mathrm{OP}}{a}, \quad \beta \approx \frac{\mathrm{OP}}{(-b)}, \quad \gamma \approx \frac{\mathrm{OP}}{(-R)} \tag{6.15}$$

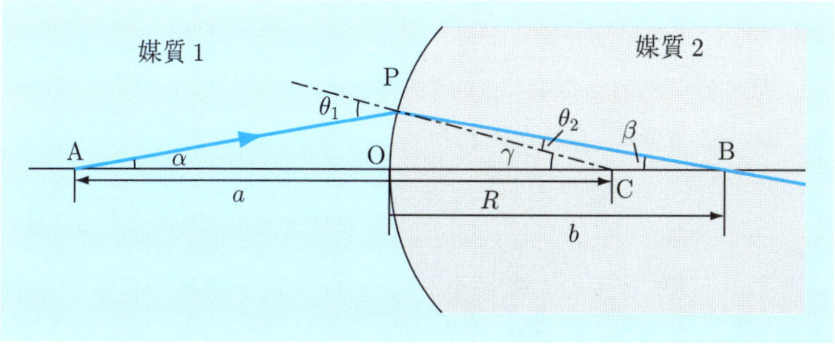

図 6.8　球面による屈折

となる．したがって，(6.14) と (6.15) から

$$n_1\left(\frac{1}{a}-\frac{1}{R}\right)=n_2\left(\frac{1}{b}-\frac{1}{R}\right)$$

つまり，

$$\frac{n_1}{a}-\frac{n_2}{b}=\frac{n_1-n_2}{R} \tag{6.16}$$

が得られる．

(6.16) は光線の経路に関係した角 α, β, γ などを含んでいないので，A から出た近軸光線は，傾き α に関係なくすべて B を通ることがわかる．すなわち，A から出た光線はすべて B に集まり結像するか，または B から放射されたように進む．また，(6.16) を導くにあたって，a, b, R の各符号は，反射の場合と同様に球面の前方を正，後方を負にとっている．したがって，図 6.8 のように球面が左に凸の場合は $R<0$，逆に右に凸の場合は $R>0$ である．

球面による結像

次に，光源が有限の大きさをもつ場合にできる像を作図によって求めてみよう．その前に，球面の焦点という概念を定義しておく．(6.16) において，$a\to\infty$（つまり光源を球面の前方の無限遠方に置く）とすると，

$$b=\frac{n_2R}{n_2-n_1}\equiv f_2 \tag{6.17}$$

となる．この十分遠方からの光または軸に平行な光線が結像する点 B を，とくに F_2 と書いて**第 2 焦点**と呼び，f_2 を**第 2 焦点距離**という．図 6.9 のように球面が光源側に凸になっている場合は，$R<0$ であるから $b<0$ となり，第 2 焦点 F_2 は光源の反対側にある．また，球面が光源側に凹になっている場合は，$R>0$ であるから F_2 は光源の側にある．

一方，(6.16) で $b\to-\infty$ とすると

$$a=-\frac{n_1R}{n_2-n_1}\equiv f_1 \tag{6.18}$$

となる．このときの光源の位置 A を F_1 と書いて**第 1 焦点**と呼ぶ．f_1 は**第 1 焦点距離**と呼ばれる．この定義からわかるように，F_1 から出た光線は球面で屈折した後は軸に平行な光線となって進む．また，a, b, R の符号を本書のよ

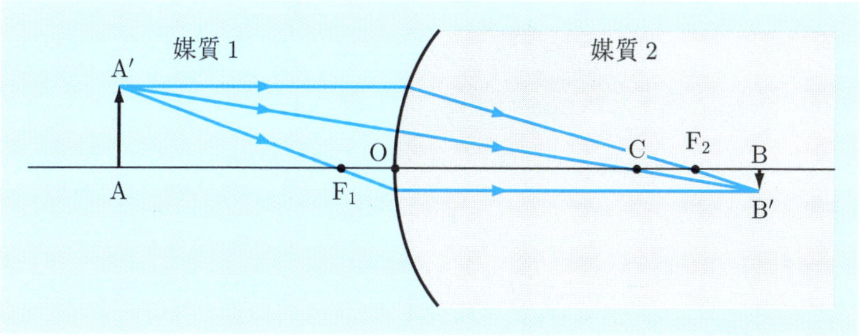

図 6.9 球面による結像

うに定義すると，2 つの焦点距離の間には

$$f_1 > 0, \quad f_2 < 0 \quad \text{で} \quad \frac{f_1}{f_2} = -\frac{n_1}{n_2} \tag{6.19}$$

の関係がある．

有限の大きさをもつ光源の像は，次の 3 本の光線に注目すると，簡単に作図で求めることができる．

(1) 球面の中心 C を通る光線，または C に向かう光線は球面を通ってそのまま真っ直ぐに進む．

(2) 軸に平行に進む光線は，球面で屈折後は F_2 を通るか，F_2 から発したように進む．

(3) F_1 を出るか，F_1 に向かう光線は，屈折後は軸に平行に進む．

図 6.9 はこれらの 3 本の光線で作図した例である．三角形の相似の関係と (6.16) を用いると，図から倍率 m が

$$m = \frac{\mathrm{BB}'}{\mathrm{AA}'} = \frac{\mathrm{CB}}{\mathrm{AC}} = \frac{-b+R}{a-R} = -\frac{n_1 b}{n_2 a} \tag{6.20}$$

と求められる．

6.4 薄いレンズによる像

眼鏡やカメラでなじみの深いレンズは，図 6.10 のように，前後の境界面が球面になっている薄い板である．したがって，光がレンズを通過するときは 2 つの球面で 2 度屈折することになる．1 つの球面における光線の屈折や結像については，すでに前節で詳しく調べたので，それらを基に薄いレンズの

結像の公式を導いてみよう．

レンズの2つの球面には凹凸のいろいろな組み合わせが考えられるが，ここでは，図6.10のように両面が凸のいわゆる凸レンズを取り上げる．ただし，得られた公式は，光源と結像点の位置（距離）a，b および2つの球面の半径 R_1，R_2 などの符号について前節の約束に従うことにすれば，凹凸のすべての組み合わせに対しても成り立つ．

さて，屈折率 n の凸レンズが空気中（屈折率1）に置かれている場合を考える．2つの球面の中心をそれぞれ C_1，C_2 とし，それらを結ぶ光軸上の点Aに点光源が置かれている．光源A，像Bの位置や距離は図6.10のように決める．

ただし，レンズは薄いので，A, Bのレンズの表面からの距離は，レンズの中心Oからの距離で近似することにする．

まず，右側の境界は無いものとして，左側の球面によるAの像A′が，Oから $a'(<0)$ の距離にあるものとすると，(6.16)から

$$\frac{1}{a} - \frac{n}{a'} = \frac{1-n}{R_1} \tag{6.21}$$

となる．次に，A′を新しい光源とみなし，それの右側のレンズによる像をBとすると，このBがAのレンズによる像である．そこで，こんどは $n_1 = n$，$n_2 = 1$ と置いて，再び(6.16)を適用すると，

$$\frac{n}{a'} - \frac{1}{b} = \frac{n-1}{R_2} \tag{6.22}$$

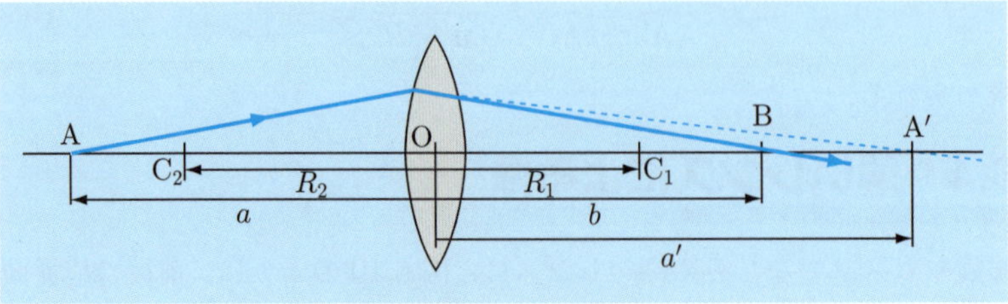

図6.10 薄いレンズによる像

が得られる．これらの２つの式から，**薄いレンズの公式**が

$$\frac{1}{a} - \frac{1}{b} = (n-1)\left(\frac{1}{R_2} - \frac{1}{R_1}\right) \tag{6.23}$$

のように求められる． また，$a \to \infty$ のときの像の位置 F を**レンズの焦点**という．O からの F までの距離を $b \equiv -f$ と置くと，f は

$$\frac{1}{f} \equiv (n-1)\left(\frac{1}{R_2} - \frac{1}{R_1}\right) \tag{6.24}$$

となる．この f を**レンズの焦点距離**という．f を用いると，薄いレンズの公式 (6.23) は，

$$\frac{1}{a} - \frac{1}{b} = \frac{1}{f} \tag{6.25}$$

と書ける．(6.24), (6.25) は，薄いレンズのすべてについて成り立つ．

レンズの２つの焦点はレンズの両側の対称な位置（等距離の位置）にある．また，有限の大きさの光源の像は，前節で述べたと同様の作図法によって求めることができる．像の倍率は

$$m = -\frac{b}{a} \tag{6.26}$$

で与えられ，$m > 0$ なら倒立像で $m < 0$ なら正立像である．

第6章例題

例題 6.1 **屈折の法則をフェルマー原理から導く**

屈折率 n_1 の媒質1から屈折率 n_2 の媒質2へ進む光線について，フェルマーの原理から境界面における屈折の法則を導け．

解答 図 6.11 のように，媒質1内の点Aを出た光線が，境界面上の点Cで屈折して媒質2内の点Bに向かうものとする．フェルマーの原理によれば，このとき光線はAB間を最短時間で通過するので，まず，A, B, Cは同一平面になければならない．さて，この平面内で，図のように，a, b, d, x を定める．媒質1，媒質2中を進む光の速さ v_1, v_2 は，それぞれ

$$v_1 = \frac{c}{n_1}, \quad v_2 = \frac{c}{n_2}$$

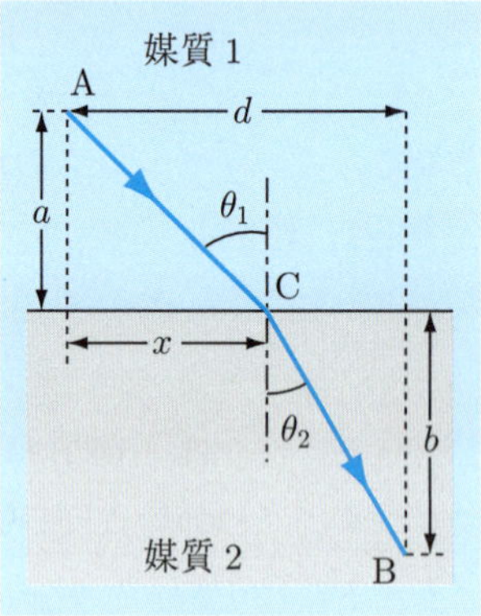

図 6.11

なので，光線がAB間を進む所要時間 t は，

$$\begin{aligned} t &= \frac{1}{c}(n_1\mathrm{AC} + n_2\mathrm{CB}) \\ &= \frac{1}{c}\left\{n_1\sqrt{a^2+x^2} + n_2\sqrt{b^2+(d-x)^2}\right\} \end{aligned}$$

となる．したがって，t が極小となる条件は

$$\frac{dt}{dx} = \frac{1}{c}\left\{\frac{n_1 x}{\sqrt{a^2+x^2}} - \frac{n_2(d-x)}{\sqrt{b^2+(d-x)^2}}\right\} = 0 \tag{6.27}$$

と得られる．一方，図からわかるように，入射角 θ_1 および屈折角 θ_2 は

$$\sin\theta_1 = \frac{x}{\sqrt{a^2+x^2}}, \quad \sin\theta_2 = \frac{d-x}{\sqrt{b^2+(d-x)^2}}$$

と表されるから，これを (6.27) に代入すると

$$n_1\sin\theta_1 - n_2\sin\theta_2 = 0 \quad \text{すなわち} \quad \frac{\sin\theta_1}{\sin\theta_2} = \frac{n_2}{n_1}$$

となり，屈折の法則が得られる．

例題 6.2 **プリズムのふれの角**

図 6.12 のように，光線が，プリズムの頂角を挟む 2 つの面の一方に入射して，他方の面から出て行く場合，入射光線と通過光線とのなす角を**プリズムのふれの角**という．プリズムの頂角が小さく，また光線の入射角が小さい場合は，このふれの角は，入射角によらないで一定になることを示せ．

解答 プリズム（ガラス）の屈折率を n，頂角を θ とし，2 つの平面での入射角および屈折角は図 6.13 に示すように定めることにする．ふれの角 δ は，図から容易に

$$\delta = (\alpha - \beta) + (\alpha' - \beta') = (\alpha + \alpha') - (\beta + \beta')$$

と求められる．右辺の最後の項は簡単な幾何学的考察から $\beta + \beta' = \theta$ となることがわかる．したがって，δ は

$$\delta = (\alpha + \alpha') - \theta \tag{6.28}$$

と書ける．また，頂角 θ および入射角 α が小さいときは，屈折の法則から

$$n = \frac{\sin\alpha}{\sin\beta} \approx \frac{\alpha}{\beta}, \quad n = \frac{\sin\alpha'}{\sin\beta'} \approx \frac{\alpha'}{\beta'}$$

となるので，

$$\alpha = n\beta, \quad \alpha' = n\beta'$$

が成り立つ．これを上の (6.28) に代入すると，ふれの角 δ は

$$\delta = (n-1)\theta$$

となり，頂角 θ と屈折率 n だけによって決まる．

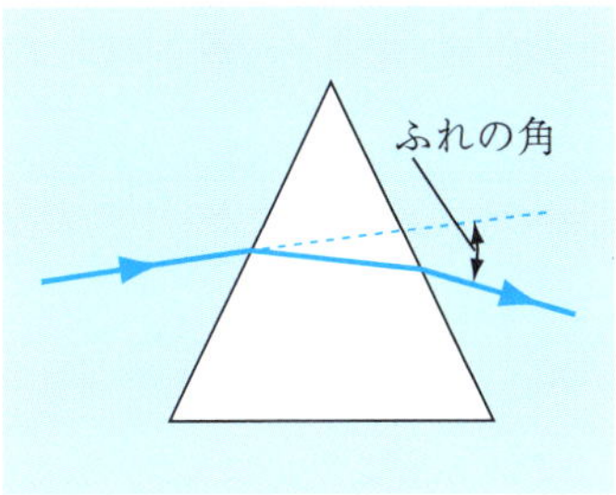

図 6.12

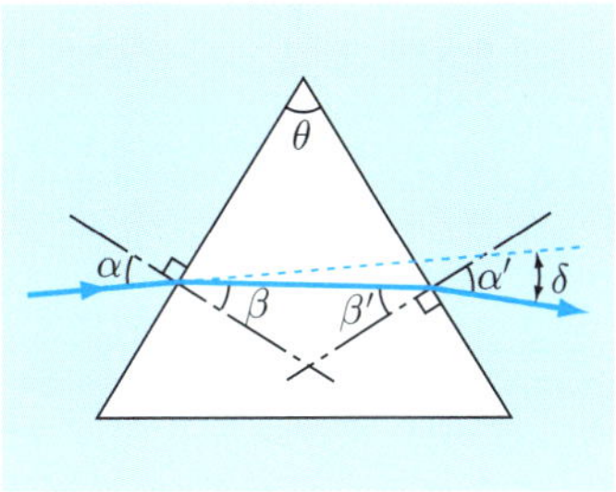

図 6.13

例題 6.3 **薄いレンズによる像**

焦点距離 f のレンズの前方の，距離 a の位置に物体を置いたときにできる像の位置，実像・虚像の別，正立・倒立の別，および倍率を求めよ．

解答 レンズの場合も，作図法によって像を求めるには，球面鏡の場合と同様に次の3本の光線に注目し，そのうちの2本を用いて求める．ただし，レンズの2つの焦点のうち，ここでは凸レンズの場合は前方，凹レンズの場合は後方の焦点を第1焦点とする．

① レンズの中心を通る光線： レンズを通過後もそのまま直進する．

② Aから光軸に平行に進む光線： レンズを通過後は F_2 へ向かうか，F_2 から出た光線のように進む．

③ Aから F_1 へ向かう光線： レンズを通過後は光軸に平行に進む．

$$a > f > 0: \quad \text{実像，倒立} \quad b = -\frac{af}{a-f}, \quad m = -\frac{b}{a} = \frac{f}{a-f}$$

$$f > a > 0: \quad \text{虚像，正立} \quad b = \frac{af}{f-a}, \quad m = \frac{b}{a} = \frac{f}{f-a}$$

$$a > 0 > f: \quad \text{虚像，正立} \quad b = \frac{af}{f-a}, \quad m = \frac{b}{a} = \frac{f}{f-a}$$

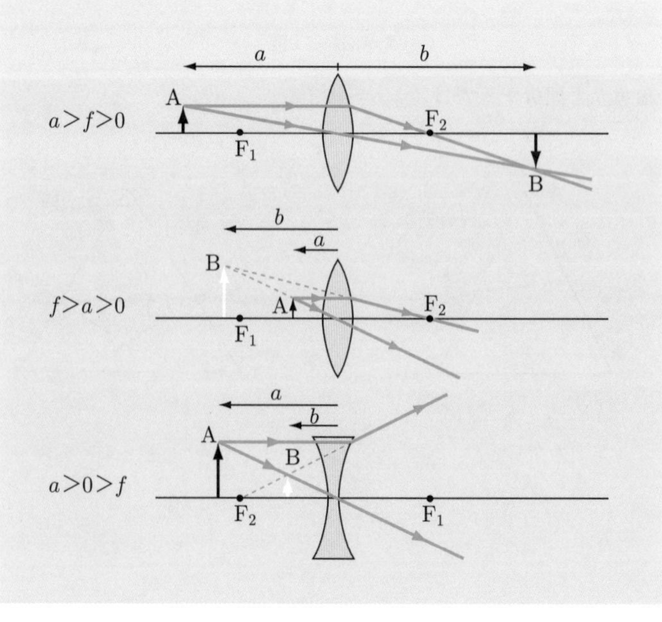

図 6.14

第6章演習問題

[1]　頂角 θ のプリズムの一方の面に光線を入射し，その入射角ともう一方の面から出て行く光線の，面の法線とのなす角とが等しくなるようにしたところ，ふれの角が δ になった．このプリズムの屈折率 n はいくらか．

[2]　フェルマーの原理を用いて，凹面鏡による結像の公式を導け．ただし，光線は近軸光線とする．

[3]　身長 170 cm の人が垂直に置かれた鏡の前に立つとき，自分の全身の姿を見るためには，鏡の高さはいくら以上なければならないか．

[4]　光線が平行平板ガラスを透過するとき，

(1)　入射光線と透過光線が平行であることを示せ．

(2)　ガラスの屈折率を n，板の厚さを d，入射角を θ とすると，入射光線と透過光線のずれの距離 $\varDelta$ は

$$\varDelta = d\left(1 - \frac{\cos\theta}{\sqrt{n^2 - \sin^2\theta}}\right)\sin\theta$$

となることを示せ．

[5]　図 6.15 のように，直角に置かれた 2 枚の鏡がある．それぞれの鏡から距離 a，b の位置に置かれた光源の像を求めよ．

[6]　水深 2.75 m のプールの底に点光源を沈めた．光を水面から放出している水面の全面積を求めよ．ただし，水の屈折率を 1.33 とする．

[7]　半径 10 cm の水晶の玉の表面から 8.0 cm の深さのところに，直径 5.0 mm の球形の不純物がある．この不純物を真上から見たとき，不純物球は表面からどれだけの深さに，どれくらいの大きさに見えるか．ただし，水晶の屈折率を 1.54 とする．

[8]　焦点距離 12 cm の凸レンズと凹レンズの前方に，それぞれ高さ 1.0 cm の物体を置いた．レンズから物体までの距離が次の場合について，像の①位置，②高さ，③実像・虚像の別，および正立・倒立の別を求めよ．

(1)　24 cm　　(2)　6 cm

[9]　凸レンズと凹レンズの結像の公式を，a を横軸，b を縦軸にとってグラフで描け．

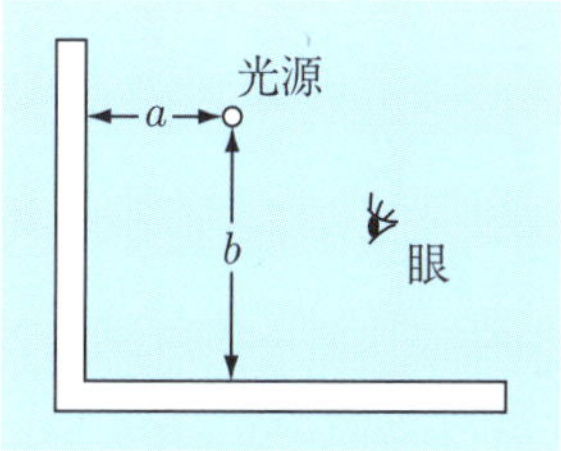

図 6.15

第7章

波動光学

光波の干渉と回折

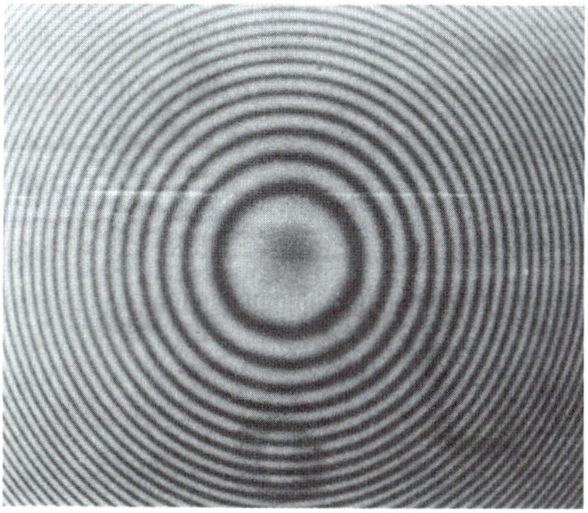

ニュートンリング

（神谷芳弘『理工基礎 振動・波動』サイエンス社 より）

本章の内容

7.1 2重スリットによる干渉

前章の幾何光学では，光線は互いに相互作用をしないで交わることを暗黙のうちに認めてきた．したがって，薄いレンズによって作られる点光源の像は，無限に小さい点像になると考えた．しかし，この仮定は正しくないことが実験的に示される．もし，この仮定が正しければ，たとえば，2本の光線をスクリーン上に重ねるときの全体としての光の強さは，つねに，それぞれの光線の光の強さの和にならなければならない．しかし，実際には，和になるときもあれば，和にならないで互いに打ち消し合うこともある．このような現象を説明するには，光を光線としてではなく，光波として扱う**波動光学**が必要になる．

光波（可視光）は，水の波や音波に比べると波長が極端に短い．そのため，第2章で述べた波にみられる干渉や回折を，光波について観測することは困難なことであったが，1801年，ヤングは巧妙な方法を用いて光が干渉することを実証してみせた．この節では，まず，この有名な**ヤングの2重スリットによる干渉実験**を紹介しよう．

ヤングの実験

図7.1にヤングの行った実験装置の概略を示す． まず，光源から出た光は，1つのスリットSを通ることによって，改めてSを点光源とした光となり，2重スリットS_1, S_2を分かれて通過した後，後方のスクリーン上で観測される．その際，2重スリットを別々に通過した光波は，スクリーン上の点Pに重なるとき，2つの経路SS_1PとSS_2Pの違いによる位相差ができるため干渉を起こし，スクリーン上に明暗の縞ができる（図7.2）．この事情は第2章の2つの波源による水面波の場合と同じである．

ヤングの干渉縞

スクリーン上にできる明暗の縞の間隔を求めてみよう．図7.1のように，2重スリットS_1, S_2の間隔をa，これらのスリットからスクリーンまでの距離をLとする．また，S_1とS_2の垂直2等分線とスクリーンの交点をスクリー

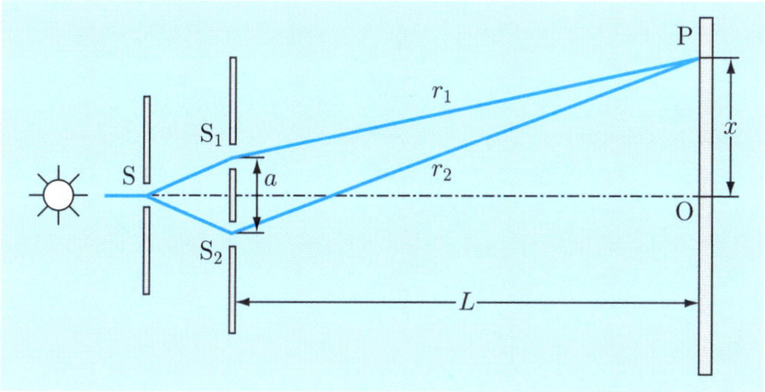

図 7.1　**2 重スリットによるヤングの干渉実験**

ン上の原点 O にとり，S_1S_2 に平行に x 軸をとって OP の距離を x とする．いま，2 つのスリットから同位相で光波が出ているとすると，P で重なる 2 つの光波の位相差は，2 つの経路 S_1P, S_2P の光学的距離 r_1 と r_2 の差によって決まる．ここで，L は a, x に比べて十分に大きいとすると，r_1, r_2 は

$$r_1 = \sqrt{L^2 + \left(x - \frac{a}{2}\right)^2} \approx L + \frac{(x - a/2)^2}{2L}$$
$$r_2 = \sqrt{L^2 + \left(x + \frac{a}{2}\right)^2} \approx L + \frac{(x + a/2)^2}{2L}$$

となり，2 つの経路の光学的距離の差は

$$r_2 - r_1 = \frac{ax}{L} \tag{7.1}$$

となる．この距離の差 ax/L が，光の波長 λ の整数倍ならば，点 P で 2 つの光波は山と山，谷と谷が重なって光は強め合い明るくなり，一方，この差が λ の半整数倍ならば，山と谷が重なり消えてしまうため，P は暗くなる．したがって，スクリーン上には，x 軸に沿って明るい線と暗い線が交互に現れ，図 7.2 のような明暗の縞ができる．明線，暗線の位置は

図 7.2　**2 つのスリットの干渉縞**

（江沢洋他『運動・光・エネルギー』岩波書店 より）

$$\text{明線}: \quad x = 2m\frac{\lambda L}{2a} \quad (m = 0, \pm 1, \pm 2, \cdots) \tag{7.2}$$

$$\text{暗線}: \quad x = (2m+1)\frac{\lambda L}{2a} \quad (m = 0, \pm 1, \pm 2, \cdots) \tag{7.3}$$

であるから，隣り合う明線（または暗線）の間隔，すなわち縞の間隔 Δx は

$$\Delta x = \frac{\lambda L}{2a}\{(2m+1)+1-(2m+1)\} = \frac{\lambda L}{a} \tag{7.4}$$

となる．これは m に依存しないため，ヤングの干渉縞は等間隔に現れることがわかる．

干渉する光と干渉しない光

ヤングの実験では，はじめにスリット S を通して光を改めて点光源とすることによって，2 つのスリット S_1, S_2 に到達する光波の位相がそれぞれ決まっている（同位相である）．そのためにスクリーン上の P に到達する 2 つの光波の位相差が決まり，干渉縞が観測される．

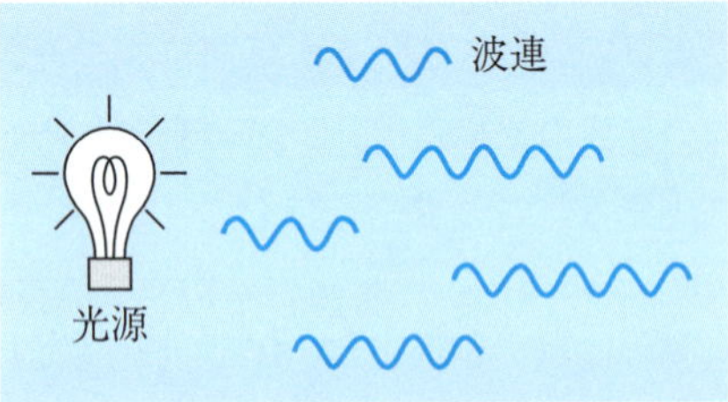

図 7.3　波連

そこで，もし可能だったとしてスリット S_1, S_2 の位置に小さな 2 つの豆電球を置いて同じ実験をしてみたら干渉縞は現れるだろうか．その場合は干渉は起こらない．これは 2 つの豆電球（光源）から出る光の間には，位相的に全く関係が無いからである．

一般に，通常の光源からでる光は，多数の原子や電子が放出した光子の集まりである．個々の光子は振幅と振動数の決まった正弦波で表されるが，光子の放出は $10^{-10} \sim 10^{-7}$ 秒という短い時間で行われるため，この正弦波は $0.03 \sim 30\,\mathrm{m}$ 程度の長さの一つながりの波である．このような一つながりの波を**波連**と呼ぶ（図 7.3）．ある 1 つの原子がいつ光子を放出するかは全く偶然であるから，これらの各波連の間の位相関係は全く不規則である．したがって，2 つの光源から出た各波連の干渉は足し合わせると消えてしまい，そのような光では干渉はみられないことになる．

ヤングの実験では, 1つの光源（スリットS）から出た個々の波連が,（量子力学によれば）2つのスリットS_1, S_2を分かれて通り抜け, 分かれた波連のペアはスクリーン上で再び重なる. このとき, 各波連のペア間で干渉が起こり, それらは足し合わせても消えないので, スクリーン上に干渉縞が現れるのである.

最近, レーザー光と呼ばれる強力で干渉性の高い（つまり非常に長い波連を含んだ）光が多方面で広く用いられている. このレーザー光の光源では, 原子や分子から一斉に位相の揃った光子, つまり波連を放出するように特別に工夫されている.

7.2　光のいろいろな干渉の例

前節でみたように, 別々の光源からから出た光の間では干渉は起こらない. 光の干渉は, 1本の光線を何らかの方法で2つに分けて, それを再び重ね合わせるときに起こる. 以下にいくつかの光の干渉の例を紹介するが, それらはいずれも, 1度分かれた光線が再び重ね合わさって, 干渉が起こる.

ロイドの鏡

同じ光源から出た光を2つに分けて干渉させる方法の中でも, 最もその構造が簡単なものの1つに**ロイドの鏡**と呼ばれるものがある. これは図7.4のように, 光源Sとスクリーンの間に鏡を置いたもので, この鏡はSからスクリーンに下ろした垂線に接近して平行になるように固定されている.

このような装置では, 光源Sを出た光は2つの経路に分かれてスクリーン上の点Pに達し, そこで干渉をする. すなわち一方の光は直接SPの経路を

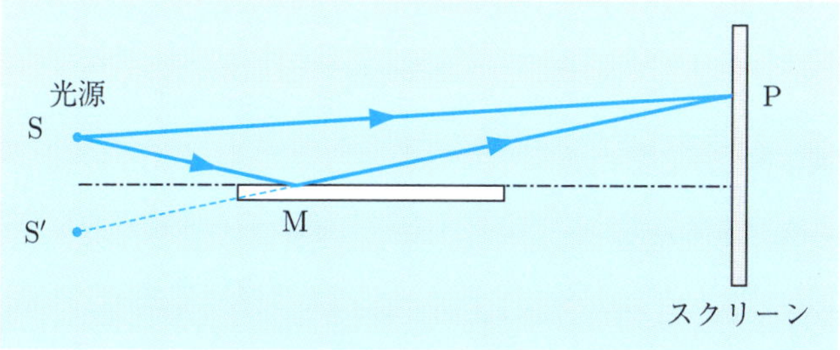

図7.4　ロイドの鏡

採ってPに達するが，他方は1度鏡で反射されてSMPの経路を採ってPに達する．とくに，後者の光線は，MPの部分をみると，位相がπだけずれていることを除けば（鏡で反射する際に位相がπだけずれる）ちょうど光源Sの像であるS'から発してPに達する光線と一致している．したがって，この場合，SとS'がヤングの装置の2つのスリットS_1とS_2に対応しており，スクリーン上にヤングの干渉縞に似た干渉縞が現れる（例題7.1参照）.

フレネルの複プリズム

同様にヤングの干渉計に還元できるものとして，フレネルの複プリズムによる干渉計がある．これは，図7.5に示すように，頂角が180°にきわめて近いプリズム（**フレネルの複プリズム**）の前方に光源に置くと，光線はプリズムによって屈折する．このとき，プリズムの上半分を通過した光はあたかも仮想的な光源S_1から出たようにみえ，同様に下半分から出た光はS_2から出たようにみえる．したがって，この場合もまた，2つの光源S_1, S_2をヤングの実験の2つのスリットに対応させることができ，プリズムの後方に置かれたスクリーン上に明暗の干渉縞が現れる.

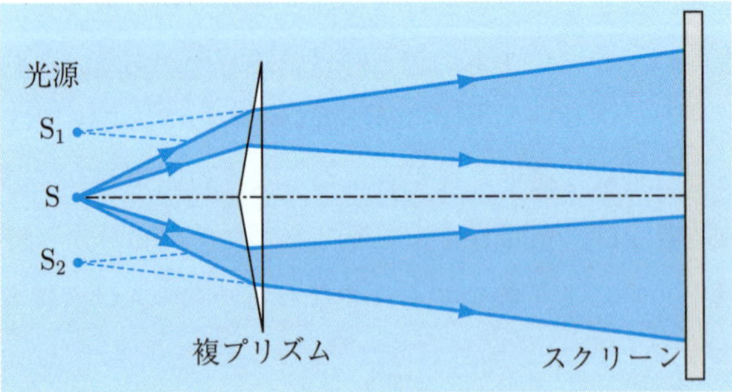

図7.5 フルネルの複プリズム

薄膜による干渉

われわれが日常的に観察できる最もありふれた光の干渉は，シャボン玉や水に浮いた油膜が色づく現象であろう．これは**薄膜の干渉**と呼ばれ，薄い膜の両面で反射した光の干渉によって起こる現象である．たとえば，図7.6(a)のように水面に浮いた油膜にあたった光線は，その一部は油膜の表面で反射されて目に達するが，他の一部は屈折して油膜の中に入り，膜の反対側の面（油と水の境界面）で反射して目に達する．このとき，2 つの反射波の位相が同じであれば，強め合って反射光は強くなり，位相が逆であれば，2 つの反射光は逆に弱め合って弱くなる．この場合，油膜による反射光の強さは光の波長と膜の厚さによって変化するため，油膜を白色光で照らして，斜めの方向から眺めると，油膜の表面は七色に色づいてみえることになるのである．

いま，図 7.6(b) のように，屈折率 n，厚さ d の薄い膜に波長 λ の光が入射したとき，反射光が強くなる（あるいは弱くなる）ための入射角 θ_1 の条件を求めてみよう．ただし，膜の両側はともに空気に接しているものとする．この膜の両面からの 2 つ反射光の干渉を確かめるには，2 点 B, A′ における反射光の位相差を調べればよい．それらが同位相ならば反射波は強め合って明るくなり，位相が π ずれていると，弱め合って暗くなる．

ところで，光が屈折率の小さい媒質から屈折率の大きな媒質へ向かう場合は，反射光の位相は入射光に比べて π だけ変化し，逆に屈折率の大きい媒質から屈折率の小さな媒質へ向かう場合は，位相の変化は起こらない．このことから，点 A での反射では位相は π（すなわち半波長分）だけずれ，点 C での反射はそのような位相のずれは起こらないことがわかる．

B, A′ における位相差をもたらすものは，これらの反射によるものだけでなく，AB と ACA′ の経路の光学的距離（$n\times$ 経路の長さ）の差による部分もある．結局，反射による位相のずれを考慮した 2 つの経路の光学的距離の差 Δl は

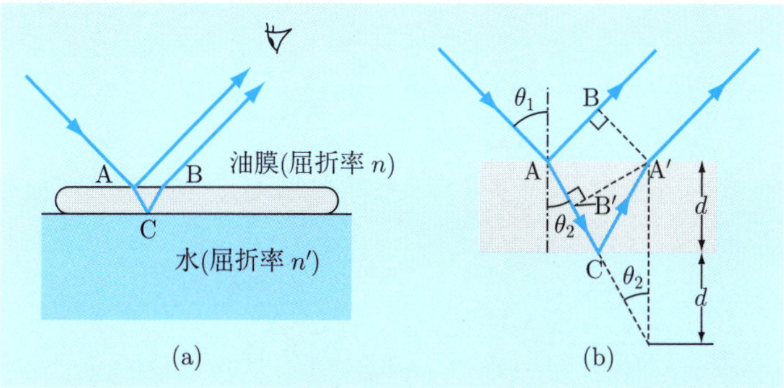

図 7.6　薄膜の干渉

$$\Delta l = \{n(\mathrm{AC}+\mathrm{CA}') - \mathrm{AB}\} + \frac{\lambda}{2} = \{n(\mathrm{AC}+\mathrm{CA}') - n\mathrm{AB}'\} + \frac{\lambda}{2}$$
$$= 2nd\cos\theta_2 + \frac{\lambda}{2} \tag{7.5}$$

と求められる．そこで，これが波長 λ の整数倍に等しいときは，反射光は強め合って明るくなり，$\lambda/2$ の奇数倍のときは，打ち消し合って暗くなる．したがって，反射光が明るくなる場合，および暗くなる場合の条件は

$$2dn\cos\theta_2 = 2d\sqrt{n^2 - \sin^2\theta_1} = (2m+1)\frac{\lambda}{2} \qquad \text{(明)} \tag{7.6}$$

$$2dn\cos\theta_2 = 2d\sqrt{n^2 - \sin^2\theta_1} = m\lambda \qquad \text{(暗)} \tag{7.7}$$

と得られる．ただし，

$$m = 0, 1, 2, 3, \cdots$$

である．

ニュートンリング

一様な厚さの薄膜でなくても，厚さが緩やかに変化しているような場合にも，膜の両面での反射を利用すれば光の干渉を観察することができる．図 7.7 のように，半径 R の大きな平凸レンズを平らなガラスの上にのせ，レンズの平面に垂直に光を入射すると，レンズとガラス平板との接触点 O を中心とした規則正しい同心円状の明暗の縞が現れる．この縞を**ニュートンリング**という．

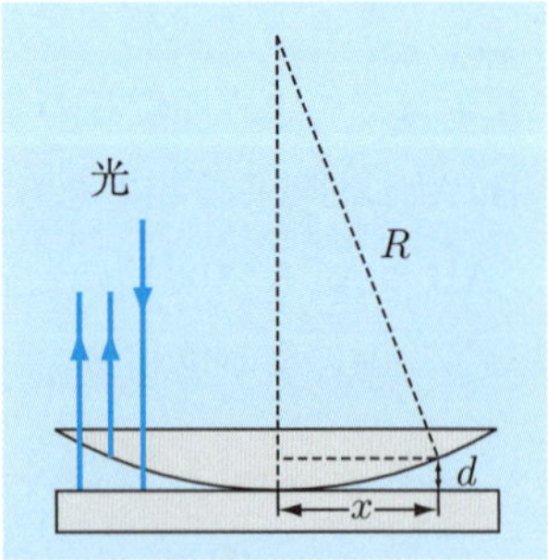

図 7.7 ニュートンリング

この場合は，レンズとガラス平板との間に挟まれた空気の層（つまり隙間）が薄膜にあたる．いま，O から距離 x ($x \ll R$) の位置における隙間の厚さを d とすると

$$d = R - \sqrt{R^2 - x^2} = R - R\left\{1 - \frac{1}{2}\left(\frac{x}{R}\right)^2 + \cdots\right\} \approx \frac{x^2}{2R} \tag{7.8}$$

となる．この場合，垂直入射してレンズの球面で反射する光線と，球面をそ

のまま通過して，ガラス平板の表面で反射する光線が干渉するが，後者の光線はガラス平面で反射する際に位相が π だけずれる．したがって，干渉する 2 つの光線の反射による位相のずれを含めた光学的距離の差に関する事情は，前項の薄膜の場合と全く同じであり，明るい環の半径と暗い環の半径に対しては，$\theta_2 = 0$, $n = 1$，波長を λ と置けば (7.6) と (7.7) がそのまま適用される．すなわち，明暗の環の半径は，

$$\frac{x^2}{R} = \left(m + \frac{1}{2}\right)\lambda \qquad (m = 0, 1, 2, 3, \cdots) \qquad (\text{明環}) \tag{7.9}$$

$$\frac{x^2}{R} = m\lambda \qquad (m = 0, 1, 2, 3, \cdots) \qquad (\text{暗環}) \tag{7.10}$$

となる．ニュートンリングはレンズの球面の曲率半径を決定したり，固体表面の平面性を調べたりするのに用いられる．

7.3　光の回折 (1) — スリットによる回折

第 2 章で述べたように，一般に波は障害物に遭遇するとその背後に回り込む性質がある．この現象は回折と呼ばれ，光も波であるから当然回折の現象は起こる．しかし，光は水波や音波に比べて波長が極端に短いために，光の回折現象を見るには，かなり注意深く観察する必要がある．たとえば，レンズで拡散したレーザー光をスクリーンに当て，光の一部をカッターナイフの刃でさえぎると，刃の影は鋭くはならないで，図 7.8 のように影のふちに縞模様が現れる．これは模式的に表すと，図 7.9 ようになっており，光波の振動は幾何学的な影の境界線で突然に静止することはできず，徐々に減衰していく．その結果，光は影の部分に回り込み，また，周縁部では干渉を起こし

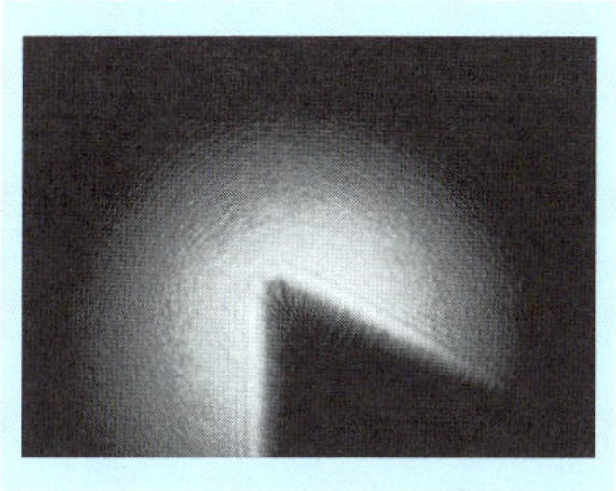

図 7.8　ナイフの影

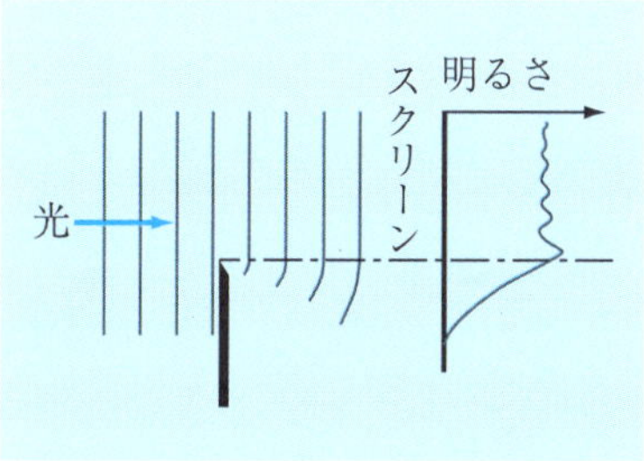

図 7.9　ナイフ刃先による回折

て明暗のパターンをつくるのである．

光の回折は，便宜上2つに分けられる．1つは，光源または像の生じるスクリーンの少なくともどちらか一方が，障害物から有限の距離にある場合で，**フレネル回折**といい，図7.9がその例にあたる．これに対して，光源もスクリーンもともに無限遠方にある場合を**フラウンホーファー回折**という．

スリットによるフラウンホーファー回折

最も簡単なフラウンホーファー回折の例は，1つの狭いスリットに垂直に単色光をあて，無限遠の後方で回折像を観測する場合である．実際には無限遠で観測することはできないから，図7.10のように，有限の距離にスクリーンを置き，凸レンズを用いてスクリーン上に光を収束させて観測する．

スリットABに垂直に波長λの光（平面波）が入射しているとしよう．スリットの幅aがλに比べてかなり大きければ，ABを通過した後に光の進み方は，ホイヘンスの原理によって決まり，AB上の各点から出る素元波の重ね合わせとして説明される．いま，そのような素元波のうち，入射光線に対して角θをなす方向に進む波を考え，それらの波はレンズの焦点面（スクリーン）上の点Pに集まるものとする．このときPで観測される光の強さは，AB上のすべての点から出てくる素元波のこの点での合成波の強さで決まり，たとえば，合成波がそこでちょうど打ち消されていると，点Pは暗くなる．

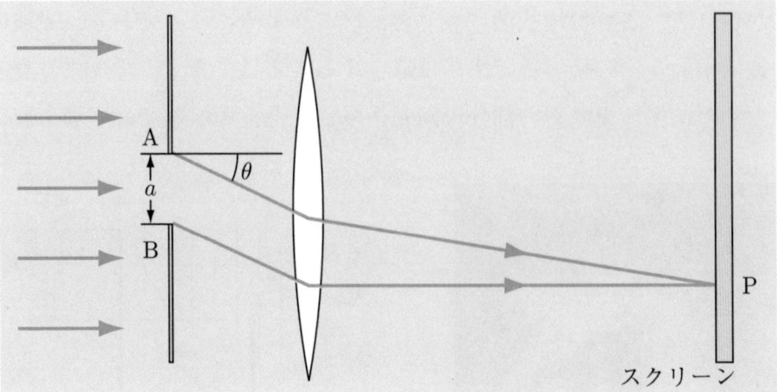

図7.10 **1つのスリットによるフラウンホーファー回折**

ここでは，点 P が暗くなる条件を求めてみよう．入射するのは平面波であるから，AB 上の各点での素元波の振幅と位相はすべて共通である．そこで，図 7.11 に示すように，AB の中点を O とし，OP と AP の光学距離の差を Δl_1 とすると，この差 Δl_1 がちょうど $\lambda/2$ となる方向 θ_1 は

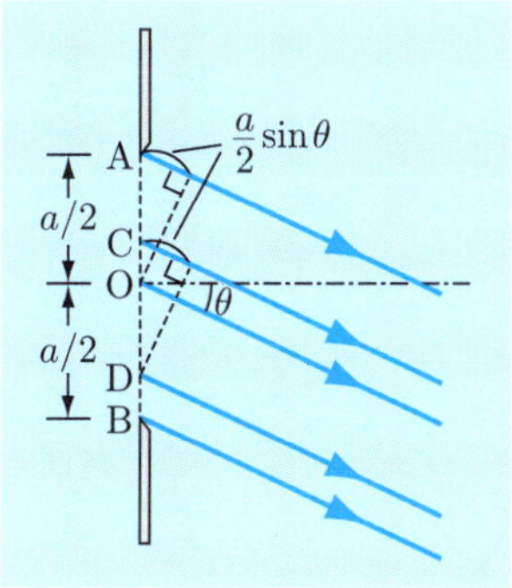

図 7.11　**1** つのスリットによる回折

$$\Delta l_1 = \frac{a}{2}\sin\theta_1 = \frac{\lambda}{2}$$

$$\therefore \quad \frac{\pi a}{\lambda}\sin\theta_1 = \pi \qquad (7.11)$$

となる．いま，この方向に注目してみると，O と A から出た 1 組の素元波は打ち消し合う．そればかりでなく，この方向では，図 7.11 に示すように，AO 上の任意の点 C と C から $a/2$ だけ離れた OB 上の点 D から出る 1 組の素元波も光路差が $\lambda/2$ となり，互いに打ち消し合う．すなわち，この方向のスクリーン上の点 P では，AO 上から出る素元波と OB 上から出る素元波の合成波の振幅は 0 となり，暗くなる．

一般に，AB を 2 等分する代わりに $2n$ 等分して，同様に考えると，それぞれ隣り合った部分から出る素元波が打ち消し合う方向 θ_n は，

$$\frac{\pi a}{\lambda}\sin\theta_n = n\pi \quad (n = 1, 2, 3, \cdots) \qquad (7.12)$$

となる．したがって，(7.12) で $n = 1, 2, 3, \cdots$ と置いた角 $\theta_1, \theta_2, \theta_3, \cdots$ の方向では，素元波の相殺が起こって暗くなり，それらの中間では若干明るくなって，スクリーン上に明暗の干渉縞ができる．また，(7.12) は a/λ が小さくなるほど，すなわちスリット幅が小さくなるほど，回折が大きくなることを示している．

任意の回折角 θ の方向の，スクリーン上の点 P における光の強さ $I(\theta)$ を定量的に求めるには，もう少し一般的な考察が必要であるが，その導出は例題 7.2 に譲ることにして，ここでは，結果だけを示しておくと，

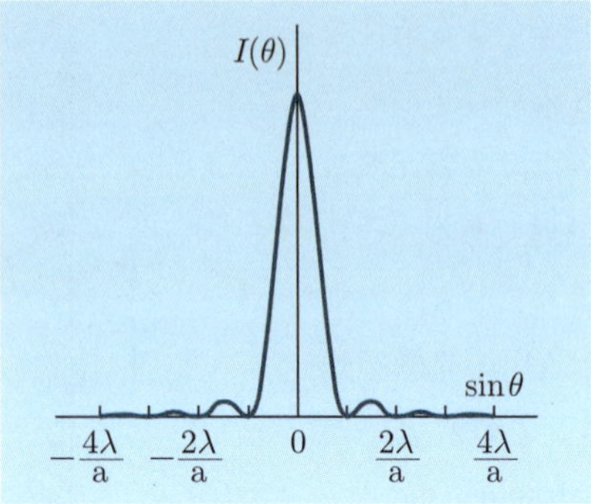

図 7.12 1個のスリットの回折因子 $I(\theta)$

$$I(\theta) = C^2 \left[\frac{\sin\{(\pi a/\lambda)\sin\theta\}}{\{\pi a/\lambda\}\sin\theta} \right]^2 \tag{7.13}$$

となる．ただし，C^2 は比例定数である．これは，(7.12) を満たす角度 θ_n で分子が0となり，回折光の強さが0，つまり暗くなる．これは先の定性的な考察と一致する．(7.13) をグラフに描くと図 7.12 のようになる．

7.4 光の回折 (2) — 回折格子

鳥の羽を通してレーザー光をスクリーンに当てると，スクリーン上にスポットがいくつか現れる．これは，鳥の羽には狭い隙間が等間隔に並んで空いていて，それらがちょうど，ここでこれから採り上げる回折格子の役割をするためである．

前節では1つのスリットによる単色光の回折を調べたが，このようなスリットを等間隔に並べると，各スリットによる回折光が互いに干渉し合うため，特定の方向で強い回折光が観測される．この回折光が強められる方向は光の波長によって決まり，また，スリットの本数を大きくするとそのピークの幅は狭くなる．したがって，このようなスリット系にいろいろな波長の混ざった光を入射させると，各波長成分の光（単色光）に分解することができる．そこで，このような目的で実用化されたスリット系を**回折格子**という．

可視光を分解するための回折格子では，スリットの幅 a も，スリットの間隔 b もきわめて小さく，数百から数千 nm である．通常はガラス板の片面にダイヤモンドの先端で 1 mm あたり 600 ～ 2000 本の割合で，溝を等間隔に刻んだものが用いられる．溝の部分は表面がギザギザになっているため光は乱反射してしまい不透明になるので，溝と溝との間の透明部分がスリットのはたらきをする．

回折格子のフラウンホーファー回折

さて，格子間隔 b，格子数 N の回折格子を考え，そのガラス面に垂直に波長 λ の平行光線を入射した場合のフラウンホーファー回折パターンを調べてみよう．図 7.13 からもわかるように，隣り合ったスリットを通って，入射方向に対して θ の方向に進む光の光路差は $b\sin\theta$ である．そこで，一番端のスリットの中点を O とし，焦点面上の光が集まる点 P と O との光学距離を R とすると，端から n 番目のスリットによる回折波は (7.13) の $I(\theta)$ を用いて

$$E_1 = \sqrt{I(\theta)}\sin\left\{\left(\frac{2\pi}{\lambda}R - \omega t\right) + \frac{2\pi(n-1)b\sin\theta}{\lambda}\right\} \tag{7.14}$$

と表すことができる．したがって，N 個の全スリットからの回折光を重ね合わせた合成波は，

$$E = \sum_{n=1}^{N} E_n = \sqrt{I(\theta)}\sum_{n=1}^{N}\sin\theta\left\{\left(\frac{2\pi}{\lambda}R - \omega t\right) + \frac{2\pi(n-1)b\sin\theta}{\lambda}\right\} \tag{7.15}$$

となる．(7.15) の級数和は，$\sin(\pi\sin\theta/\lambda)$ を掛けて加法定理を用いて求めることができる．したがって，回折光の強さ $\tilde{I}(\theta)$ は，E の振幅の 2 乗で与えられ，証明を省略して結果だけ示すと，

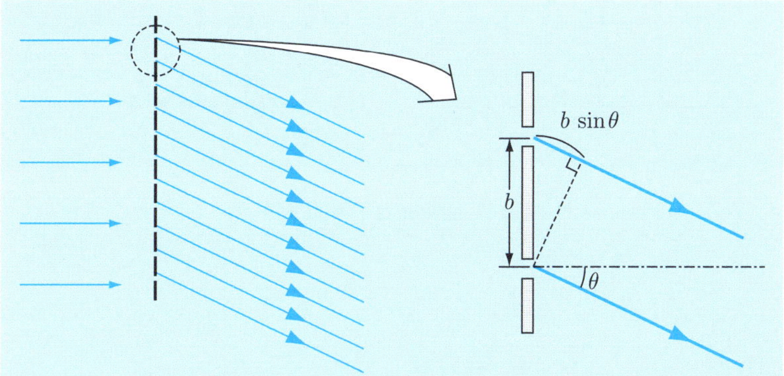

図 7.13　回折格子

$$\tilde{I}(\theta) = I(\theta) \times F(\theta) \tag{7.16}$$

$$F(\theta) = \left[\frac{\sin(N\pi b \sin\theta/\lambda)}{\sin(\pi b \sin\theta/\lambda)}\right]^2 \tag{7.17}$$

となる．ここで，$I(\theta)$ は1個のスリットによる回折光の強さであるから，N 個の場合の強さは1個のときの $F(\theta)$ 倍になる．(7.17) で与えられる $F(\theta)$ は**干渉因子**と呼ばれる．これに対して

$$\frac{I(\theta)}{C^2} = \left[\frac{\sin\{(\pi a/\lambda)\sin\theta\}}{(\pi a/\lambda)\sin\theta}\right]^2 \tag{7.18}$$

は**回折因子**と呼ばれる．

(7.17) の干渉因子 $F(\theta)$ は，

$$\frac{\pi b}{\lambda}\sin\theta_m = m\pi \qquad (m = 0,\ \pm 1,\ \pm 2, \cdots) \tag{7.19}$$

のとき分母が0となるため発散する．したがって，回折格子による回折光には，回折角 θ が (7.19) を満たす θ_m の方向に鋭いピークが現れる．図7.14に，$F(\theta)$ と $\tilde{I}(\theta)$ を $\sin\theta$ の関数として示しておく．

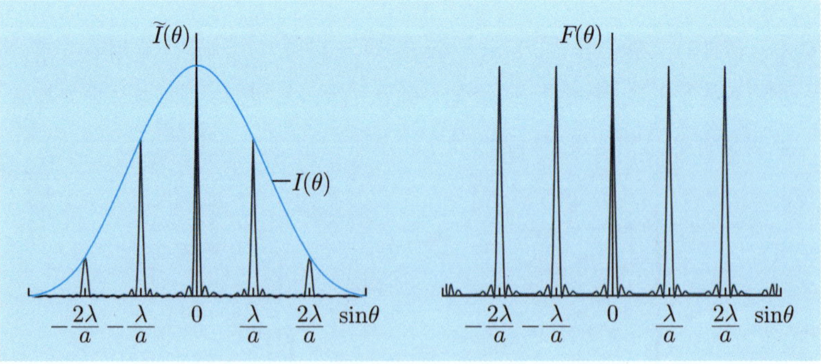

図7.14 **回折光と干渉因子** $F(\theta)$

第 7 章例題

例題 7.1 **ロイドの鏡**

図 7.15 のように，ロイドの鏡において，光源 S が鏡面から距離 $d/2$ のところに置かれている場合に，光源から距離 L_2 だけ離れたスクリーン上で観測される干渉縞の間隔（暗線と暗線との間隔）を求めよ．

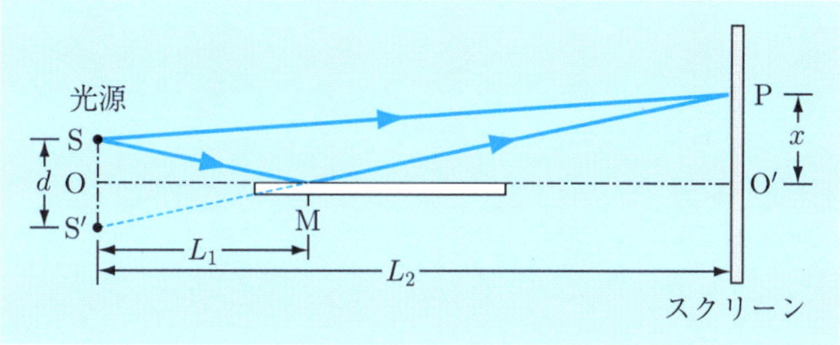

図 7.15

解答 光源から出てスクリーン上の点 P に直接到達する光線と，1 度鏡面上の点 M で反射して P に到達する光線の光路差 Δl は，

$$\Delta l = \mathrm{SMP} - \mathrm{SP} = \mathrm{S'P} - \mathrm{SP} \cong \frac{(\mathrm{S'P})^2 - (\mathrm{SP})^2}{\mathrm{S'P} + \mathrm{SP}}$$

ここで，$\mathrm{O'P} = x$ とすると，

$$(\mathrm{SP})^2 = L_2^2 + \left(x - \frac{d}{2}\right)^2, \quad (\mathrm{S'P})^2 = L_2^2 + \left(x + \frac{d}{2}\right)^2, \quad \mathrm{S'P} + \mathrm{SP} \approx 2L_2$$

であるから，$\Delta l \approx dx/L_2$ となる．また，2 つの光線の位相差 $\Delta\phi$ は，光は鏡面で反射する際に位相が π だけ変わるため，

$$\Delta\phi = \frac{2\pi}{\lambda}\Delta l + \pi = \frac{2\pi dx}{\lambda L_2} + \pi$$

である．したがって，明線および暗線の位置はそれぞれ，

$$x = \frac{\lambda L_2}{2d}(2m+1), \quad x = \frac{\lambda L_2}{d}m \qquad (m = 0,\ 1,\ 2,\ 3, \cdots)$$

で与えられ，干渉縞の間隔 Δx は，

$$\Delta x = \frac{\lambda L_2}{d}$$

例題 7.2 **1スリットによるフラウンホーファー回折**

図 7.10 のように，幅 a の狭いスリットに，波長 λ の単色光が垂直に入射するとき，入射光線と角 θ をなす方向の回折光の強さ $I(\theta)$ が (7.13) で与えられることを示せ．

解答 図 7.16 のように，スリットの中点 O を原点とし，OA の方向に x 軸をとる．また，θ 方向に進む回折光がスクリーン上に集まる点を P とし，OP $= R$ とする．いま，x 軸上の点 Q (OQ $= x$) における幅 dx の微小部分を考えると，この dx の部分から出る素元波の P における合成波は，

$$\frac{C}{a}\sin\left\{\left(\frac{2\pi}{\lambda}R-\omega t\right)+\left(\frac{2\pi}{\lambda}\sin\theta\right)x\right\}dx$$

と書ける．したがって，AB から出る全ての素元波の点 P における合成波は，これを $-a/2$ から $a/2$ まで積分すればよい．この積分は

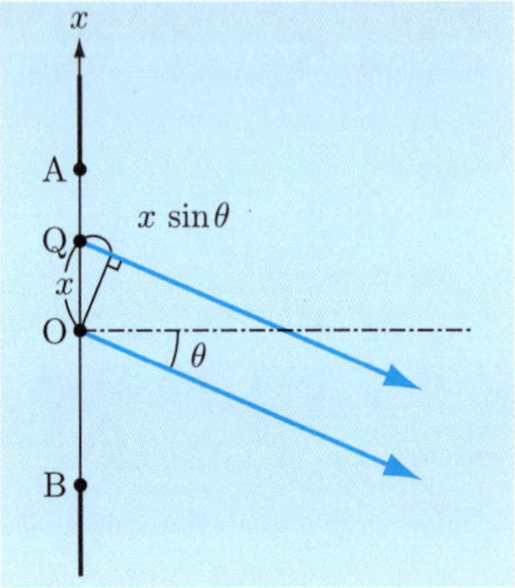

図 7.16

$$\alpha=\frac{2\pi}{\lambda}\sin\theta,\quad \beta=\frac{2\pi R}{\lambda}-\omega t$$

とおくと，次のように得られる．

$$E=\int_{-a/2}^{a/2}\frac{C}{a}\sin(\alpha x+\beta)dx=\frac{2C}{\alpha a}\sin\left(\frac{\alpha a}{2}\right)\sin\beta$$

$$=C\left[\frac{\sin\{(\pi a/\lambda)\sin\theta\}}{(\pi a/\lambda)\sin\theta}\right]\sin\left(\frac{2\pi}{\lambda}R-\omega t\right)$$

点 P における回折光の強さ $I(\theta)$ はこの振幅の 2 乗で与えられるから，

$$I(\theta)=C^2\left[\frac{\sin(\pi a/\lambda)\sin\theta}{(\pi a/\lambda)\sin\theta}\right]$$

となる．

例題 7.3　**反射防止膜**

太陽電池では，入射する太陽光をできるだけ効率よく利用しなければならない．そこで，表面での反射を抑えるために，シリコンの表面は酸化シリコンの薄膜で被覆されている．いま，550 nm の光の反射をなくすためには，被覆膜の厚さを最低いくらにすればよいか．ただし，酸化シリコンの屈折率を 1.45，シリコンの屈折率を 3.5 とする（図 7.17）．

解答　反射を抑えるには膜の両面での反射光が互いに打ち消し合うようにすればよい．この場合は膜のどちらの面での反射も，光の位相は π だけずれる．したがって，垂直に入射する光に対する反射光が弱くなる条件は，膜の屈折率を n，膜厚を d，光の波長を λ とすると，

$$2nd = \left(m + \frac{1}{2}\right)\lambda \qquad (m = 0,\ 1,\ 2, \cdots)$$

となる．この条件満たす膜厚が最小になるのは，$m = 0$ のときであるから，求める膜厚は

$$d = \frac{\lambda}{4n} = \frac{550\,\mathrm{nm}}{4 \times 1.45} = 94.8\,\mathrm{nm}$$

となる．光学レンズの表面にも透過率を上げる目的でフッ化マグネシウムにより被膜されている．このような薄膜を**反射防止膜**という．反射光を完全に 0 にするには，上の条件を満たすだけでなく，膜の表面での反射光の強さと，屈折して裏面で反射して表面から出て行く光線の強さが等しくなければならない．そのためには，被覆される物質の屈折率 n' と，膜の屈折率 n との間には，$n = \sqrt{n'}$ の関係が成り立てばよい．

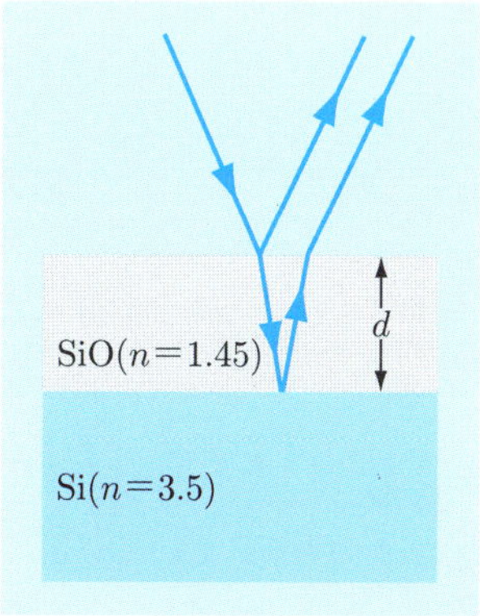

図 7.17

第7章演習問題

[1] 2つのスリットに，垂直に波長 6.30×10^{-7} m の単色光を当て，スリットの後方 3.0 m のところにスクリーンを置いてヤングの実験を行ったところ，スクリーン上に 3.7 mm の間隔で暗線が現れた．スリットの間隔はいくらか．

[2] 2つのスリットを 1.0 mm 離して置き，これに垂直に波長 5.90×10^{-7} m の単色光を当ててヤングの実験を行った．スリットの後方 1.0 m の位置に置かれたスクリーン上に現れる干渉縞の間隔はいくらか．

[3] 2つのスリットを 0.50 mm 離して置き，その後方 2.0 m のところにスクリーンを置いてヤングの実験を行ったところ，2.0 mm の間隔の干渉縞が現れた．この実験に用いられた光の波長はいくらか．

[4] 1辺が 10 cm の正方形のガラスの平行平板が2枚ある．これらのガラス板を重ねてから，1組の対応する辺の間隔が 0.01 mm になるように，一方のガラス板をわずかに傾ける．このガラス面に波長 6.00×10^{-7} m の単色光を当てて反射光を観測すると，どのような干渉縞がみえるか．

[5] 平面状の石鹸膜に白色光を 45° の角度で入射させ，反射光を分光器で調べたところ，波長 6.50×10^{-7} m の部分だけが暗く観測された．石鹸膜の屈折率は 1.33 であるとして，膜厚を求めよ．

[6] 屈折率 1.50，厚さ 2.20×10^{-7} m の薄膜に，波長 5.89×10^{-7} m の光を入射させるとき，反射光が干渉によって打ち消し合うときの入射角はいくらか．

[7] 平らなガラス板の上に平凸レンズを凸面を下にして置き，上から波長 6.00×10^{-7} m の光を当てたところ，中心から 10 番目の明るいニュートンリングの半径が 3.00 mm であった．このレンズの凸面の曲率半径を求めよ．

[8] 幅が 0.10 mm のスリットに波長 6.33×10^{-7} m の単色光を当て，凸レンズを通してスリットの後方 2.00 m にあるスクリーン上に回折像をつくった．このとき，第1暗線間の距離を求めよ．

[9] コンパクトディスク（CD）の面に，波長 6.33×10^{-7} m のレーザー光を垂直に当てたところ，面の法線と $\theta = 0$，および $\theta = 23.3^\circ$ の方向に反射光が観測された．以下の問いに答えよ．

(1) CD の信号間隔はいくらか．

(2) これ以外の反射光のでる方向を求めよ．

(3) 波長 4.88×10^{-7} m のレーザー光を当てると，反射光はどの方向に出るか．

III部 熱力学
熱と温度に関する理論

力学では，重力のような保存力の作用を受けて運動している物体に保存されている物理量として，“力学的エネルギー”という概念が定義された．しかし，摩擦力のような抵抗力がはたらくと，この力学的エネルギーは保存されず，時間とともに減少する．このとき失われる力学的エネルギーはどうなるのだろうか．そこで，この失われた力学的エネルギーを，別の形のエネルギーに転換されたと考え，それを“熱エネルギー”（または“熱”）と呼ぶと，

『力学的エネルギーと熱エネルギーの和は保存する』

ことになり，拡張されたエネルギー保存則が得られる．こうして熱という新しい概念が定義される．

物体に熱を加えると，その物体にはいろいろな変化が起こる．物体はその大きさ（体積や長さ）や圧力が変化し，また，ある場合には融解，蒸発，凝固などの相変化が起こる．そこで，このような物体の変化を扱うために，物体の状態を表す量として，温度，内部エネルギー，エントロピーなどという新しい概念が導入された．

第 III 部では，この熱と温度，内部エネルギーとエネルギー保存則，状態の変化とエントロピーなどの関係を扱う理論，つまり“熱力学”について学ぶ．

第8章

熱と温度

熱平衡と温度

気体温度計の全容

（大石二郎『私の T_0 研究 **24** 年の記録』 より）

本章の内容

8.1 熱平衡と温度

物体に触れたときの物体の“熱さ”あるいは“冷たさ”の度合いを，われわれは“**温度**”で表す．しかし，この熱さ，冷たさという感覚はかなり曖昧なものである．それは個人差もあれば，物体の熱の伝え易さ（または難さ）にも関係する．したがって，温度という概念を定義するためには，物体の“熱さ”あるいは“冷たさ”を相対的に確定し，さらに再現できる方法が必要になる．

この節では，はじめに，温度の概念を理解するために必要な，“**熱接触**”と“**熱平衡**”について述べ，それらの概念から経験的に導かれた**熱力学の第0法則**（**熱平衡の法則**）によって，物体の温度が明確に定義されることを示そう．

熱接触と熱平衡

熱い物体と冷たい物体を接触させると，熱い物体は冷やされ，冷たい物体は暖められて，やがて2つの物体は同じ暖かさになる．しかも，一度この状態に達すると，2つの物体の熱的な状態は，その後は変化しない．そのような状態を**熱平衡状態**といい，このとき2つの物体は熱平衡にあるという．この熱的現象は次のように説明される．2つの物体が接触すると，熱い物体から冷たい物体へ熱（熱エネルギー）の移動が起こる．この熱の移動は2つの物体が同じ暖かさになるまで続き，やがて2つの物体の間に熱の移動が起こらなくなる．この状態が熱平衡状態である．2つの物体が接触してから熱平衡に達するまでの時間は，両物体の熱的な性質と，熱エネルギーの交換がどのような方法で行われるかによって決まる．

また，ここで考えているような，物体間で正味の仕事が全く行われず，ただ2つの物体間に熱エネルギーの交換だけが起こっているとき，2つの物体は**熱接触**しているという．

熱力学の第0法則と温度

熱平衡について，次のような経験則が成り立つ．

『互いに接触していない 2 つの物体 A, B と第 3 の物体 C があるとき，A と B がそれぞれ別個に C と熱平衡になっていれば，A と B を接触させると必ず熱平衡になっている．』

これは，**熱力学の第 0 法則**（**平衡の法則**）と呼ばれる．この法則は一見明白なことのようにみえるが，この法則を使ってはじめて**物体の温度**が定義される．その意味で，これは熱力学の最も基本的な法則である．

この法則によれば，ある 1 つの物体を選んだとき，その物体と熱平衡にある物体は，すべて互いに熱平衡にあることになる．また，別の物体を選べば，その物体と熱平衡にある物体は，また，やはりすべて互いに熱平衡にある．そこで，これらの互いに熱平衡にある物体が共通にもっている性質（物理量）を考え，それを“**温度**”と呼ぶことにする．すなわち，互いに熱平衡にある 2 つの物体は同じ温度にあり，2 つの物体の温度が異なれば，両者は決して熱平衡にはないのである．こうして，熱力学で最も重要な温度という概念が，熱力学の第 0 法則から定義される．

8.2　温度計と温度目盛

温度は温度計で測る．温度計は物体の熱さや冷たさの度合いを数値で示すための装置である．物体の物理的な性質は，多くの場合温度によって変化する．したがって，その変化の割合が大きな性質は，それを観測することによって，温度目盛を設定することができる．そのように温度目盛の設定に使われる物理的性質には，

(1)　体積が一定に保たれている気体の圧力．

(2)　圧力が一定に保たれている気体の体積．

(3)　液体の体積．

(4)　固体の長さ．

(5)　金属や半導体の電気抵抗．

(6)　一端が接合された 2 つの異なる金属もしくは合金の他端に現れる熱起電力．

(7)　高温の物体の色．

などがある．通常温度計で温度を測定する場合には，測定しようとする物体に温度計を接触させ，温度計の目盛りを表す物理量がもはや変化しなくなった状態，すなわち，熱平衡状態が実現された状態で，その物理量の値（温度目盛）を読む．

日常もっとも広く使われている水銀温度計やアルコール温度計（通称）は，**液体温度計**と呼ばれ，一定の量の水銀や灯油等の体積変化を利用した温度計である．温度計には，このように物体の体積変化を利用するものの他に，体積が一定に保たれた気体の圧力変化を利用する**気体温度計**，金属や半導体の電気抵抗を利用した**抵抗温度計**などがある．また，科学技術上もっとも有用な温度計の1つに**熱電対**がある．異なる金属や合金 A, B を2点で接合して，それぞれの接合点を異なる温度の物体に接触させると，その温度差に依存した起電力が回路に生じる．熱電対はこの起電力を測定して物体の温度を測る装置である（図 8.1）．A, B の組み合わせとしては，銅とコンスタンタンやプラチナとプラチナ 10%ロジウムの組み合わせがもっともよく使われている．熱電対によって，その使用できる温度範囲が異なっており，銅とコンスタンタンの場合は約 −180°C から 400°C まで，またプラチナとプラチナ 10%ロジウムは約 0°C から 1500°C までの範囲で使うことができる．熱電対は大きさが小さいために，温度を測定しようとする物体とすみやかに熱平衡に達する利点がある．

温度を定量的に扱うには，その基準点と目盛りのとり方を決めておかなければならない．そのために，温度計はなにか一定温度をもつ特別な状態にある物体と接触させることによって較正しておく必要がある．普通使われる摂

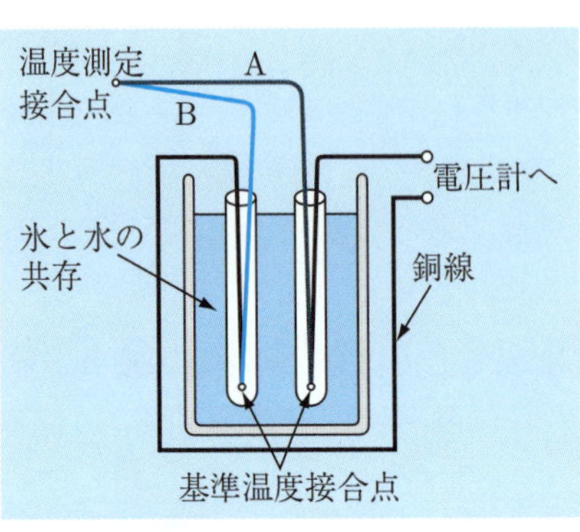

図 8.1 **熱電対による温度測定**
熱電対（A, B）の接合点を物体に接合させて温度を測定する．A, B のそれぞれの他端は 0°C（基準温度）に保たれており，電圧計に接続されている．

氏温度は，固定点温度として，1 気圧（$1.013250 \times 10^5\ \mathrm{N/m^2}$）のもとで氷と共存する水の温度（凝固点）と同じく 1 気圧のもとで水蒸気と共存する水の温度（沸点）を選び，前者を摂氏 0 度（0°C），後者を摂氏 100 度（100°C）と定義している．

イギリスやアメリカでは，摂氏温度に代わって華氏温度が日常使われている．この華氏温度でも，温度定点としては水の凝固点と沸点が用いられるが，温度の基準点と目盛りのとり方が摂氏温度と違っていて，水の凝固点を華氏 32 度（32°F），水の沸点を華氏 212 度（212°F）と定義する．したがって，摂氏温度 T_C と華氏温度 T_F は次の関係で結ばれている．

$$T_F = \frac{9}{5}T_C + 32\ (^\circ\mathrm{F}) \tag{8.1}$$

温度に対して 2 つの基準点を定めると，その中間やその両外側の温度は，物体の物理的性質が温度に対して一様に変化すると仮定して，温度を目盛ることができる．たとえば水銀温度計では，0°C と 100°C の水銀柱の高さの差を 100 等分して，1°C として目盛っている．このようにして目盛られた温度は**経験温度**と呼ばれる．しかし，一般には物体の物理的性質は一様には変化しないから，経験温度で目盛られた値は温度計によって変わることになる．そこで，温度計に依存しない温度目盛を定める必要になってくる．

8.3　気体温度計と絶対温度目盛

ボイル-シャルルの法則

気体は，圧力が十分に低くて温度が液化点よりもはるかに高ければ，気体の種類によらず，次の関係が成り立つことが実験的に確かめられている．

> 『温度 T を一定に保つとき，圧力 p は体積 V に反比例する（**ボイルの法則**）．』
> 『圧力 p を一定に保つとき，体積 V は温度 T に比例する（**シャルルの法則**）．』

これらの実験結果は，**ボイル-シャルルの法則**と呼ばれる次の方程式にまとめられる．

$$pV = nRT \tag{8.2}$$

ここで，n は気体のモル数で，T は (8.2) で定義される温度で**絶対温度**である．また，温度および圧力の全領域で (8.2) に従う気体を想定し，これを理想気体と呼ぶ．R はすべての理想気体について同一の値をとる普遍定数であって，**気体定数**と名付けられている．圧力を Pa，体積を m^3 で表すと R の値は，

$$R = 8.31\,\mathrm{J/mol\cdot K} \tag{8.3}$$

である．また，圧力を atm（気圧），体積を ℓ（リットル）で表すと，R の値は，

$$R = 0.0821\,\ell\cdot\mathrm{atm/mol\cdot K} \tag{8.4}$$

となる．K は絶対温度の単位である．

このようにして定義された絶対温度 T は，静止した理想気体を構成している分子1個あたりの運動エネルギーに比例した量になっている．また，第11章で示されるように，絶対温度目盛は，可逆機関の効率から定義される，物質の種類によらない**熱力学的温度目盛**と等しくなる．

絶対温度目盛と摂氏温度目盛

絶対温度も，摂氏温度と同様に，水の凝固点と沸点の温度間隔を 1/100 を単位として用い，K（**ケルビン**）と呼ぶ．したがって，圧力を 1 atm に固定しておいて，水の凝固点と沸点における気体の体積を測定すれば，(8.2) から絶対温度と摂氏温度の関係式が求められる．

いま，水の凝固点における絶対温度を T_1（K）とし，水の凝固点と沸点での気体の体積の測定値を V_1, V_2 とすると，(8.2) より，

$$\frac{V_2}{V_1} = \frac{T_1 + 100}{T_1} \tag{8.5}$$

となる．これより，T_1 は

$$T_1 = \left(\frac{V_1}{V_2 - V_1}\right) \times 100 \tag{8.6}$$

と表される．したがって，これに体積の測定値 V_1, V_2 を代入すると，T_1 は，

$$T_1 = 273.15\,\mathrm{K} \tag{8.7}$$

と得られる．この値は，わが国の大石二郎によってこの方法で求められたものである．現在では，水の凝固点の絶対温度として，この値が国際的に採用されている．また，(8.7) より，摂氏温度 t (°C) とそれに対応する絶対温度 T (K) との間には

$$T = 273.15 + t \tag{8.8}$$

の関係が成り立つことがわかる．$T = 0$ (K)，すなわち，$t = -273.15$ (°C) を**絶対零度**という．これは温度の下限であって，絶対零度以下の温度は存在しない．

このように，初期の気体温度計は基準温度としては水の凝固点と沸点が使われたが，この 2 つの温度定点はいずれも技術的に再現が困難である．そこで，1989 年の国際度量衡委員会で，いくつかの温度値が与えられて再現可能な温度（温度定点）が定義されている（表 8.1）．

表 8.1　いろいろな定義定点

定義定点	温度（K）	温度（°C）
平衡水素の三重点	13.8033	−259.3467
ネオンの三重点	24.5561	−248.5939
酸素の三重点	54.3584	−218.7916
アルゴンの三重点	83.8058	−189.3442
水銀の三重点	234.3156	−38.8344
水の三重点	273.16	0.01
ガリウムの融解点	302.9146	29.7646
インジウムの凝固点	429.7485	156.5985
すずの凝固点	505.078	231.928
亜鉛の凝固点	692.677	419.527
アルミニウムの凝固点	933.473	660.323
銀の凝固点	1234.93	961.78
金の凝固点	1337.33	1064.18
銅の凝固点	1357.77	1084.62

(理科年表 2004 年度版より．凝固点と融解点は標準気圧 1.013250×10^5 Pa の下での液相固相の共存状態)

8.4 固体と液体の熱膨張

(8.2) より，一定の圧力の下では，気体の体積は絶対温度に比例して膨張する．固体や液体の場合も変化そのものは小さいが，温度が高くなるに伴い膨張する．もっとも水の場合だけは例外で，水温が 0°C から上昇すると，水は逆に収縮して，3.98°C で密度が最大（1.000 g/cm^3）になり，さらに温度が上昇すると膨張し始める（図 8.2）．

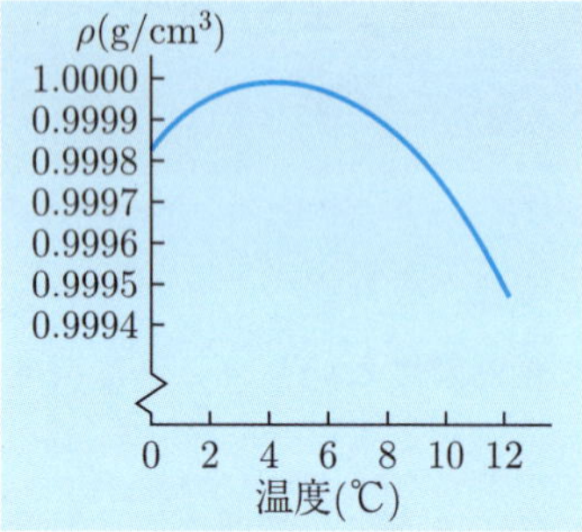

図 8.2 大気圧の下での水の密度の温度変化

このような物体の熱膨張の原因は，物体を構成している原子あるいは分子間の平均距離が温度によって変化するためである．たとえば，原子が規則的に配列している結晶性の固体を考えてみよう．そのような固体は，“原子が互いに硬いばねで繋がって結晶格子をつくっている”とする力学的モデルで表される．このモデルによれば，ばねで繋がれた各原子はそれぞれの平衡位置を中心に振動しており，原子の平均距離は，このばねの振動エネルギーとばねの弾性エネルギー（つまり原子間ポテンシャルエネルギー）との和で決まっている．したがって，固体の温度が上昇すると，原子の振動の振幅が大きくなり，原子間の平均距離は増大する．

固体や液体の場合，温度による長さや体積の変化は，長さや体積自身の大きさに比べてはるかに小さい．したがって，これらの変化の大きさは温度の変化の大きさに比例すると考えてよい．

固体の線膨張係数

物体のある方向に測った長さが，温度 T のとき l であり，温度が ΔT だけ変化して $T+\Delta T$ になったとき，$l+\Delta l$ になったとする．このとき ΔT が十分に小さければ，Δl と ΔT の間には

$$\Delta l = \alpha l \Delta T \tag{8.9}$$

表 8.2 室温付近における線膨張係数（$\times 10^{-6}$）

物　質	α (1/K)	物　質	α (1/K)
アルミニウム	23	金	14.2
インバール	0.9	白金	13.4
銅	17	ゲルマニウム	2.6
鉄	12	シリコン	2.4
鋼鉄	11	普通のガラス	9
鉛	29	パイレックスガラス	3.2
タングステン	4.5	コンクリート	12

の関係が成り立つ．ここに，比例定数 α はその物質の**線膨張係数**と呼ばれる．この式から，α は

$$\alpha = \frac{1}{l}\frac{\Delta l}{\Delta T} \tag{8.10}$$

と表される．したがって，α の単位は K^{-1} である．また，0°C における物体の長さを l_0 とすると，温度 t°C のときの物体の長さ l は，この α を用いて

$$l = l_0(1 + \alpha t) \tag{8.11}$$

と書ける．線膨張係数 α は一般に温度とともに変化するが，その温度変化は室温付近であれば無視することができる．表 8.2 にいろいろな物質についての室温付近での線膨張係数を示しておく．

体膨張係数

物体の長さが温度によって変化すれば，当然物体の面積や体積も温度によって変化する．そこで，線膨張のときと同様に，温度 T における物体の体積を V，温度が $T + \Delta T$ のときの体積を $V + \Delta V$ とすると，ΔT が小さければ ΔV は ΔT に比例して，

$$\Delta V = \beta V \Delta T \tag{8.12}$$

と表される．ここに，比例定数 β は体膨張係数と呼ばれる．

とくに液体の場合は，線膨張というのはあまり意味がなく，体積がどれだけ膨張するかが重要になる．このような液体や等方性固体では，体膨張係数 β は線膨張係数 α の 3 倍になる．すなわち，

$$\beta = 3\alpha \tag{8.13}$$

が成り立つ．(8.13) は次のようにして導かれる．

一辺の長さが l の立方体を考えよう．いま，温度が ΔT だけ上昇すると，立方体の一辺の長さは $l + \Delta l$ になり，体積は $l^3 + \Delta V$ になる．したがって，

$$\begin{aligned} V + \Delta V &= (l + \Delta l)^3 = (l + \alpha l \Delta T)^3 \\ &= l^3(1 + \alpha \Delta T)^3 \\ &= V\{1 + 3\alpha\Delta T + 3(\alpha\Delta T)^2 + (\alpha\Delta T)^3\} \end{aligned} \tag{8.14}$$

と書ける．ところで，表 8.2 に示されるように，α は 10^{-6} 程度ときわめて小さいから，(8.14) は，右辺の $\{ \quad \}$ 内で $\alpha\Delta T$ に比べて $(\alpha\Delta T)^2$ および $(\alpha\Delta T)^3$ の項は無視することができ，

$$\Delta V = 3\alpha V \Delta T \tag{8.15}$$

となる．これを (8.12) と比べると，(8.13) が得られる．

8.5 熱容量と比熱

本章のはじめで述べたように，異なった温度の物体を熱接触させると，物体間で熱エネルギーが移動する．このように，1 つの場所からもう 1 つの場所へ伝達された熱エネルギーを**熱量**または単に**熱**と呼ぶ．

熱量の単位

熱量は物体の温度変化によって知ることができる．実際に熱量は，それがエネルギーの一形態であることがわかる以前から，熱のやり取りで生じる温度変化を用いて定義されていた．すなわち，1 g の水の温度を 14.5°C から 15.5°C まで上昇させるに必要な熱量を **1 cal**（**カロリー**）と定義して，これを熱量の単位とした．

しかし，熱量はエネルギーの一形態であるから，その単位には，他のエネルギーと同様に SI 単位では J（ジュール）が用いられる．国際的に定められている cal と J の換算比率は，1 cal が 4.18686 J である．この換算比率

$$J = 4.18686\ \mathrm{J/cal} \tag{8.16}$$

を熱の**仕事当量**という．

熱容量と比熱

物体に同じ量の熱量を与えても，物体の温度がどれだけ上昇するかは物体の種類や質量によって異なる．たとえば，4186 J の熱量を 1 kg の水に与えると水の温度は 1 K だけ上昇するが，同じ熱量を 1 kg の銅塊に与えると銅塊の温度は 11 K も上昇する．そこで，物体の熱的性質を表すものとして，物体の温度を 1 K だけ上げるのに必要な熱量を考え，これを C で表し物体の熱容量と定義する．

この定義から，物体に熱量 Q を与えたときに，物体の温度が ΔT だけ上昇したとすれば，物体の熱容量 C は

$$C = \frac{Q}{\Delta T} \tag{8.17}$$

である．熱容量の単位は J/K（または cal/K）である．

物体の熱容量は，物体を構成している物質に依存しており，物体の質量 m に比例する．そこで，1 kg の物質の熱容量 c を

$$c = \frac{C}{m} \tag{8.18}$$

で定義し，その物質の比熱と呼ぶ．比熱 c の単位は J/kg·K（または cal/g·K）である．比熱は，熱の移動などの問題を扱う場合には便利である．たとえば，質量 m の物体 A が他の物体 B と熱接触して，温度が T_i から T_f へ変化したとすれば，このとき，B から A へ移動した熱エネルギー Q は，

$$Q = mc(T_f - T_i) = mc\Delta T \tag{8.19}$$

となる．

物質 1 mol（モル）あたりの熱容量を**モル比熱**という．したがって，n mol の物質の熱容量が C（J/K）であれば，その物質のモル比熱 c_{mol} は

$$c_{\mathrm{mol}} = \frac{C}{n} \tag{8.20}$$

である．表 8.3 に，大気圧の下での室温のいろいろな物質の比熱とモル比熱を示しておく．表 8.3 から，地球上で最もありふれた物質である水は，すべての物質の中で最も比熱の大きな物質であることがわかる．また，固体のモル比熱は，室温付近では物質によらず，およそ 25 J/mol·K である．これを

デュロン-プティの法則という．物質の比熱は，室温から温度が下がると次第に減少し，0 K では 0 になる（図 8.3）．

表 8.3 物質の大気圧の下での室温の比熱とモル比熱

物 質	比熱（J/kg·K）	比熱（cal/g·K）	モル比熱（J/mol·K）
（固体）			
アルミニウム	900	0.215	24.3
金	129	0.0308	25.4
銀	234	0.056	25.4
銅	387	0.0924	24.5
鉄	448	0.107	25.0
ガラス	837	0.20	
氷（−5°C）	2090	0.50	
（液体）			
水	4186	1.00	
エチルアルコール	2400	0.58	
水銀	140	0.033	

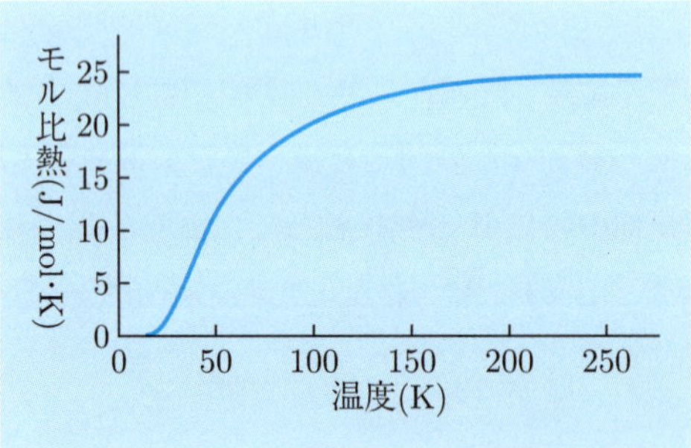

図 8.3 銀のモル比熱の温度変化

8.6　相と相転移

相

水は 0°C 以下では氷（固体）であり，100°C 以上では水蒸気（気体）であって，0°C と 100°C の間だけでいわゆる水（液体）と呼ばれる状態にある．これらの 3 つの状態は明らかに違った性質を示し，固体は形が定まっていて変形し難い特徴をもっており，液体は自由に変形できるが定まった体積をもち，気体は形も体積も自由に変わりうる性質がある．これらの性質の違いは，物質の原子的構造の違いに由来しており，固体では原子の相対的位置は定まっているが，液体では原子間の平均距離は定まっているものの，相対的位置は自由に移動でき，気体では各原子（分子）は自由に運動している．このように物体の原子的構造の形態によって区別される状態を**相**と呼ぶ．すなわち，固体，液体，気体の各状態は**固相**，**液相**，**気相**と呼ばれる．

相転移と相図

物体の状態が，1 つの相から別の相へ変化する現象を**相転移**（**相変化**）という．相転移の様子は温度によって変わるが，圧力によっても変化する．そこで，図 8.4 のように，縦軸に圧力 p を，横軸に温度 T をとって，$p-T$ 面上に固相，液相，気相の各領域を表すと，相転移の特徴を知る上で便利である．このような図を**相図**と呼ぶ．

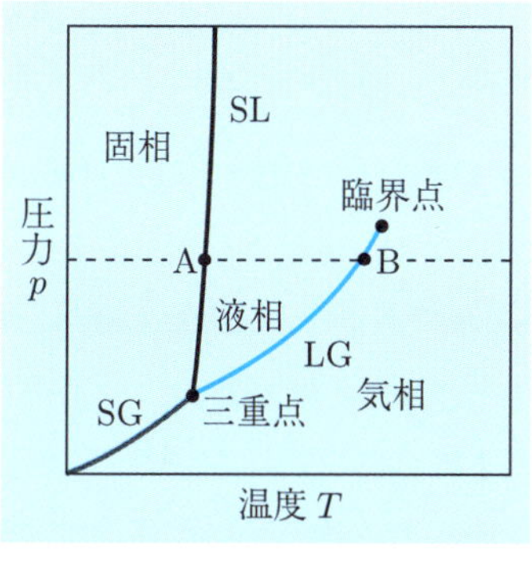

図 8.4　相図

相図には，3つの相の境界をなす3本の曲線がある．固相と気相の境界線は固体の昇華曲線（SG曲線），液相と気相の境界線は液相の蒸発曲線（LG曲線），固相と液相の境界線は固体の融解曲線（SL曲線）という．SG曲線上では固体と気体が共存する状態，LG曲線上では液体と気体が共存する状態，SL曲線上では液体と固体が共存する状態がそれぞれ実現する．これらの3本の曲線は必ず1点で交わる．この点は三重点と呼ばれ，ここでは固体，液体，気体の3つの状態が平衡状態にある（0Kでも固体にならないヘリウムだけは，例外的に三重点は存在しない）．すでにみたように，三重点はしばしば温度定点として用いられる．

いま，ある物体（固体）の温度を，圧力 p を一定に保ちながら（図8.4の点線に沿って）上げていくと，やがてSL曲線上の点Aに達する．このときの温度が圧力 p の下でのその固体の**融点**である．融点に達した固体は融解をはじめるが，完全に融解し終えるには固体に一定の熱量 Q を与える必要がある．この Q は物体の質量 m に比例し，その比例定数を L_f とすると，

$$Q = mL_f \tag{8.21}$$

で与えられる．ここで，L_f は物質によって決まっており，物質の**融解熱**と呼ばれる．融点を越えてさらに物体の温度を上げていくと，物体は液体状態を保ちながら，今度はLG曲線上の点Bに達する．このときの温度が圧力 p の下での**沸点**である．沸点に達した液体は沸騰して気化がはじまるが，この場合も完全に気化し終えるには液体に熱量を与える必要がある．この熱量 Q は

$$Q = mL_V$$

で与えられ，比例定数 L_V は物質の**気化熱**と呼ばれる．沸点を越えてさらに温度を上げると，物体は気体になる．融解熱や気化熱のように，物質を相転移させるのに必要な単位質量あたりの熱量を，総称して**潜熱**と呼ぶ．表8.4に，大気圧の下でのいろいろな物質の融解点と融解熱および沸点と気化熱を示しておく．

圧力 p を上げて，図8.4の点線を高圧力側へシフトさせると，やがて点Bは臨界点と呼ばれるLG曲線の終端と一致する．この臨界点の温度と圧力を臨界温度および臨界圧力という．p が臨界圧力を越えると，もはや図の点線

はLG曲線と交わらなくなる．したがって，物体は融点を通過すると，純粋な液体状態ではなく，高密度で低圧縮性の液体的状態になり，さらに温度を上げていくと，次第に低密度で高圧縮性の気体的状態へ連続的に変化する．

一般に，蒸気圧曲線も融解曲線もともに右上がりになり，勾配 dp/dT は正になる．しかし，例外的に，水の場合は氷から水になるときに体積が減少するので，圧力が高いほど液体になり易い．そのため，氷の融解曲線は左上がりになる．

表 8.4　大気圧のもとでの物質の融解熱と気化熱

物　質	融解点（°C）	融解熱（J/g）	沸点（°C）	気化熱（J/g）
ヘリウム	−269.65	5.23	−268.93	20.9
窒素	−209.97	25.5	−195.81	201
酸素	−218.79	13.8	−182.97	213
エチルアルコール	−114	104	78	854
水	0.00	333	100.00	2260
硫黄	119	38.1	444.60	326
鉛	327.3	24.5	1750	870
アルミニウム	660	397	2450	11400
銀	960.80	88.2	2193	2330
金	1063.00	64.4	2660	1580
銅	1083	134	1187	5060

第8章例題

例題 8.1 **固体の熱膨張**

固体の熱膨張に関する以下の問いに答えよ．

(1) 長さが l，幅が w の長方形の板がある．長さ方向および幅方向の線膨張係数は，それぞれ α と β である．温度が ΔT だけ上昇するとき，増加する板の面積を求めよ．また，この板の面積膨張係数はいくらか．

(2) 10°C のとき内容積が 20 ℓ のアミニウム製の円筒容器がある．この容器に四塩化炭素の液体を満たし，容器ごと温度を 30°C まで上げたところ，四塩化炭素が容器から溢れた．このとき溢れた四塩化炭素の体積はいくらか．ただし，四塩化炭素の体積膨張係数は $5.81 \times 10^{-4}\,\mathrm{K}^{-1}$ である．

解答 (1) 温度が ΔT だけ上昇すると，板の長さと幅は，それぞれ $l(1+\alpha\Delta T)$，および $w(1+\beta\Delta T)$ となり，板の面積の増加 ΔS は，

$$\begin{aligned}\Delta S &= lw(1+\alpha\Delta T)(1+\beta\Delta T) - lw \\ &= lw(\alpha+\beta)\Delta T + lw\alpha\beta(\Delta T)^2\end{aligned}$$

となる．ここで，右辺の第 2 項は第 1 項に比べて十分に小さいので，無視すると，ΔS は

$$\Delta S = lw(\alpha+\beta)\Delta T$$

と得られる．また，板の面積膨張係数 γ は

$$\gamma = \frac{\Delta S}{lw\Delta T} = \alpha + \beta$$

となる．

(2) 表 8.2 よりアルミニウムの線膨張係数は 2.3×10^{-5}（1/K）である．したがって，アルミニウム容器の内容積の体積膨張係数は $\beta = 6.9 \times 10^{-5}$（1/K）となる．いま，30°C になったときの，四塩化炭素の体積と容器の内容積の増加をそれぞれ ΔV，Δv とすると，

$$\Delta V = 20 \times 5.81 \times 10^{-4} \times 20 = 0.232\,\ell$$

$$\Delta v = 20 \times 6.9 \times 10^{-5} \times 20 = 0.028\,\ell$$

となる．よって，容器より溢れる四塩化炭素の体積は

$$\Delta V - \Delta v = 0.204\,\ell$$

例題 8.2 **水の相変化**

$-30°C$ の氷の塊 1 g に，少しずつ熱を加えて，$120°C$ の水蒸気に変換するのに必要は熱量はいくらか．また，水（氷，水蒸気）の温度 T （°C）になったとき，それまでに加えた熱量 Q （J）と温度 T との関係をグラフを描いて示せ．ただし，氷と水の比熱は表 8.3 の値を，氷の融解熱および水の気化熱は表 8.4 の値を，また水蒸気の比熱は 2.01 J/g·K を用いよ．

解答 ① $-30°C \leq T < 0°C$：（$-30°C$ の氷から $0°C$ の氷へ）．氷の温度が $T\,°C$ になるまでに加えられた熱量 $Q(T)$ J は，

$$Q(T) = 1 \times 2.09 \times \{T - (-30)\} = (62.7 + 2.09T)\,\mathrm{J}$$

② $0°C$：（$0°C$ の氷から $0°C$ の水へ）．この間に加えられる熱量 Q_0 は

$$Q_0 = 1 \times 333 = 333\,\mathrm{J}$$

③ $0\,°C < T < 100\,°C$：（$0°C$ の水から $100°C$ の水へ）．水の温度が $T\,°C$ になるまでに加えられた熱量の総量 $Q(T)$ J は

$$Q(T) = Q(0) + Q_0 + 4.186T = (395.7 + 4.186T)\,\mathrm{J}$$

④ $100°C$：（$100°C$ の水から $100°C$ の水蒸気へ）．この間に加えられた熱量 Q_{100} は

$$Q_{100} = 1 \times 2260 = 2260\,\mathrm{J}$$

⑤ $100\,°C < T \leq 120\,°C$：（$100°C$ の水蒸気から $120°C$ の水蒸気へ）．水蒸気の温度が $T\,°C$ になるまでに加えられた熱量の総量 $Q(T)$ J は

$$Q(T) = Q(100) + Q_{100} + 2.01(T - 100) = (813.6 + 2.01T)\,\mathrm{J}$$

よって，この変換に必要な熱の総量は，

$$Q(120) = 3.11 \times 10^3\,\mathrm{J}$$

となる．図 8.5 に $Q(T)$ のグラフを示す．

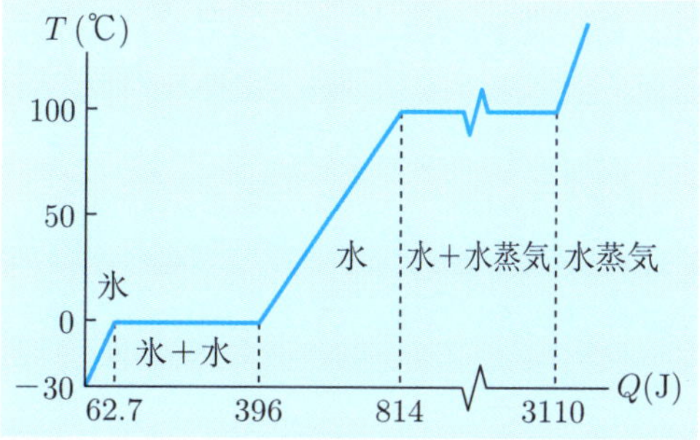

図 8.5

第8章演習問題

[1]　標準状態（$0°C$, $1\,\mathrm{atm} = 1.013250 \times 10^5\,\mathrm{Pa}$）における理想気体 1 mol の体積を求めよ．

[2]　1 気圧（$1.013 \times 10^5\,\mathrm{Pa}$）の下で，氷の融点と水の沸点でアルゴン気体の密度を測定したところ，それぞれ，$1.784\,\mathrm{mg/cm^3}$ および $1.306\,\mathrm{mg/cm^3}$ であった．アルゴン気体は理想気体であるとして，絶対零度は摂氏何度になるか．

[3]　[2] のアルゴンの密度の測定結果を用いて，気体定数 R の値を求めよ．ただし，アルゴンの分子量を 39.9 とする．

[4]　大気圧（$1.013 \times 10^5\,\mathrm{Pa}$）の下で，内容積 $30\,\mathrm{cm^3}$ のガラス瓶に $27°C$ の空気を封入したのち，炉の中に入れて加熱したところ，瓶内の空気の温度が $200°C$ になった．このときの瓶内の圧力はいくらか．ただし，ガラス瓶の熱膨張は無視できるものとする．

[5]　0.05 kg の金属の塊を $200°C$ に加熱しておいて，断熱容器に入っている $20°C$ の水の中に落とし，金属塊と水が熱平衡に達した温度を測定したところ $22.4°C$ であった．容器内の水の質量は 0.40 kg であるとして，この金属の比熱を求めよ．ただし，水に比熱を $4.19\,\mathrm{J/g{\cdot}K}$ とする．

[6]　$25°C$ のアルミニウム 50 g を完全に融解し終えるには，アルミニウムにどれだけの熱量を加えなければならないか．ただし，アルミニウムの比熱は表 8.3 の値を，また融解熱は表 8.4 の値を用いよ．

[7]　一定の圧力の下での理想気体の体膨張係数 β は，

$$\beta = \frac{1}{T}$$

となることを示せ．また，$20°C$ における β の値を求めよ．

[8]　線膨張係数 α の金属でできた棒がある．この棒の重心を通り，棒に垂直な軸のまわりの慣性モーメントは，熱膨張を考えると，温度によってどのように変わるか．

[9]　水銀温度計は細いガラス管をつないだガラス球（水銀溜）に水銀を封入したもので，ガラス球を加熱すると，球の中の水銀が膨張してガラス管に入り水銀柱を形成する．いま，ガラス球の体積を $0.60\,\mathrm{cm^3}$ として，温度計全体の温度が 100 K 変化したとき，水銀柱の長さが 16 cm 変化したとすると，ガラス管の内径はいくらか．ただし，ガラスの線膨張係数と水銀の体膨張係数は，それぞれ $9.0 \times 10^{-6}\,\mathrm{K^{-1}}$, $1.8 \times 10^{-4}\,\mathrm{K^{-1}}$ を用いよ．

第9章

熱力学の第1法則

熱と内部エネルギー

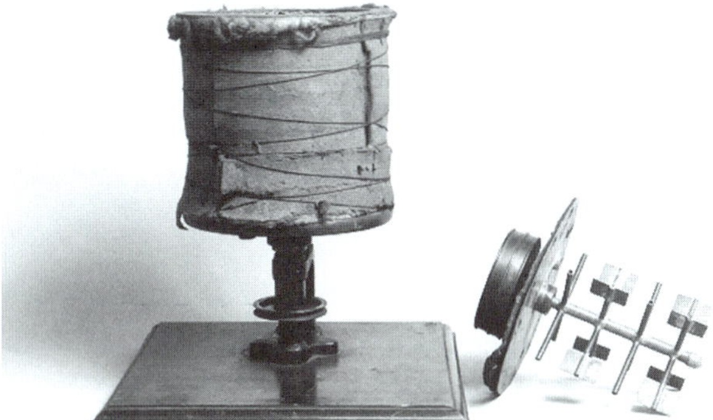

ジュールの熱の仕事当量測定装置

（提供：The Natural Philosophy Collection, Universty of Aberdeen）

本章の内容

9.1 熱と内部エネルギー

熱はエネルギー伝達のプロセス

前章では，熱量はエネルギーの一形態であって，その単位にはエネルギーと同じJ（ジュール）が使われると述べた．しかし，“熱量（熱）”と“物体の熱力学的エネルギー”とは別の概念であって，この2つの概念の差異を正しく理解しておくことが，熱力学を学ぶ上では重要である．

『温度の異なる2つの物体を熱接触させると，高温の物体から低温の物体へ“熱量（熱エネルギー）”が移動して，高温の物体は冷やされ，低温の物体は暖められて，やがて両者は同じ温度になる.』
『熱容量 C の物体に“熱量（熱）Q”を与えると，物体の温度は $\Delta T = Q/C$ だけ上昇する.』

これからわかるように，熱量（熱）という言葉は，温度差があるために起きる“熱エネルギーの伝達というプロセス”を表す場合と，“伝達される熱エネルギーの量”を表す場合に使い分けて用いられる．

この事情は，ちょうど力学における仕事の場合に似ている．すなわち，仕事も，“系に力学的エネルギーを伝達するプロセス”と“そのプロセスで伝達されるエネルギーの大きさ”の両方に使い分けて用いられる．したがって，“この系の仕事量”という表現は意味をなさない．それと同様に“この物体の熱量”といういい方もしない．

物体に保存力が働いて仕事をすると，物体の力学的エネルギーが，その仕事量に等しい量だけ増加する．同様に物体に熱量が与えられると，それに等しい量だけ，物体の熱力学的エネルギーが増えると考えられる．とくにこの熱力学的エネルギーを**内部エネルギー**という．

内部エネルギー

① **物体内に保有されるエネルギー**

静止している物体を加熱しても，物体全体としての運動エネルギーや位置エネルギー（つまり力学的エネルギー）は変化しない．したがって，物体に加えられた熱エネルギーは，物体の内部に保有された内部エネルギーとして蓄えられていることになる．

静止している物体でも，微視的にみれば，物体を構成している原子や分子は互いに力を及ぼし合いながら運動している．この物体を構成している原子や分子の全力学的エネルギーの和が，物体に保有されている内部エネルギーである．したがって，内部エネルギーの基準点は，統計力学のように微視的に考えるときには，通常の物体系の力学的エネルギーの場合と同様に，構成原子・分子が，互いに作用を及ぼし合わないほど十分離れていて，しかも静止している状態がとられる．しかし，物体を巨視的に扱う熱力学では，内部エネルギーは，その基準点は問題にしないで，その変化量と他の物理量との関係だけが議論される．

②　状態量と内部エネルギー

物体といういい方は，固体のイメージが強いため，気体や液体には必ずしもそぐわない．そこで，これからは物体の代わりに，なるべく“系”を使うことにしよう．

熱力学で“物体（系）の状態”というときは，熱平衡状態を意味する．系の熱平衡状態を表す物理量としては，通常，温度 T，圧力 p，体積 V（または密度 ρ）などが用いられる．このように系の状態を規定する物理量を**状態量**という．また，系の状態を変える変数という意味で，状態量は**状態変数**とも呼ばれる．1 つの系の状態を規定するために必要な状態変数の数は系の性質による．たとえば，ただ 1 種類の分子からなる気体の場合には，状態変数として通常 T, p, V の 3 つが用いられる．しかし，それらの 3 つは互いに独立ではなく，このうちの 2 つが定まれば残りの 1 つは決まってしまう．したがっ

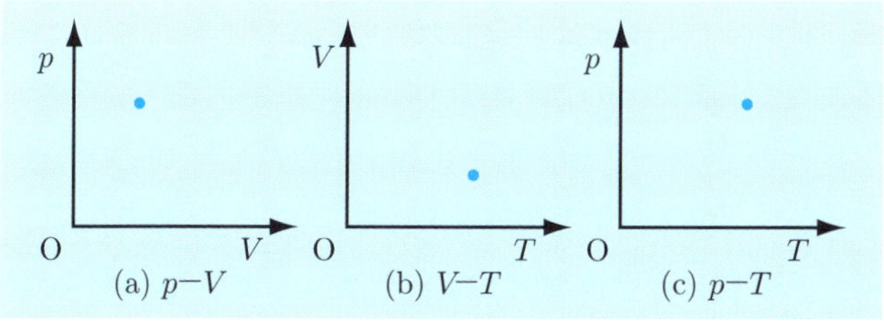

図 9.1　物体の状態と状態変数

て，これらの 3 つの状態変数の何れか 2 つを選んで座標軸にとると，系の状態は，図 9.1 のように，その座標（状態）平面上の 1 点で表すことができる．

内部エネルギー U は，その系の状態が定まれば一意的に決まる量である．その意味では内部エネルギーもまた状態変数の 1 つであって，図 9.1 の状態平面上の各点に，その状態に対応した内部エネルギーが考えられる．したがって，気体の内部エネルギー U は，T, p, V のうちのいずれか 2 つを変数とする関数として，

$$U(p,V), \quad U(V,T), \quad U(p,T)$$

ように表される．ただし，理想気体の場合だけは，内部エネルギー U は温度 T のみの関数である．

9.2 仕事と熱

前節で，系へのエネルギーの伝達のプロセスには，“熱” と “仕事” があることを学んだ．また，エネルギーが伝達された系では，そのエネルギーに見合った内部エネルギーが増加する．ここでは，シリンダーに閉じ込められた気体について，この熱と仕事と内部エネルギーの関係を調べてみる．

熱力学過程における仕事

図 9.2(a) に示すような，断面積が S のシリンダーに閉じ込められた 1 mol の理想気体を考えよう．この気体の熱平衡状態は，気体の温度 T，占める体積 V，および圧力 p で規定されている． ただし，この T, V, p の間には，前章の (8.2) より，

$$pV = RT \tag{9.1}$$

の関係が成り立つ．したがって，この気体の状態は，たとえば，(p, V) の 2 つの変数によって決まり，$p-V$ 面上の 1 点で表される．

図 9.3 のように，気体の状態が $p-V$ 面上の点 $\mathrm{A}(p_1, V_1)$ から点 $\mathrm{B}(p_2\ V_2)$ へ変化する場合に，気体がする仕事を求めてみよう．気体の体積を V，圧力を p とすると，気体はピストンに力 pS を及ぼしている．図 9.3 の場合は，$V_1 < V_2$ であるから，この気体の変化は体積膨張である．いま，この膨張が

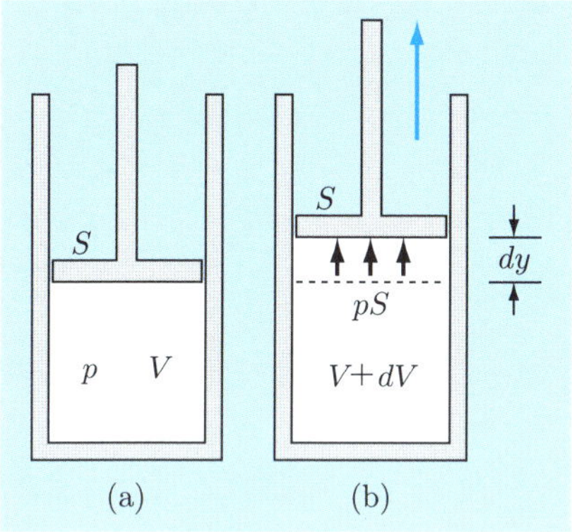

図 9.2 断面積 S のシリンダーに閉じ込められた気体

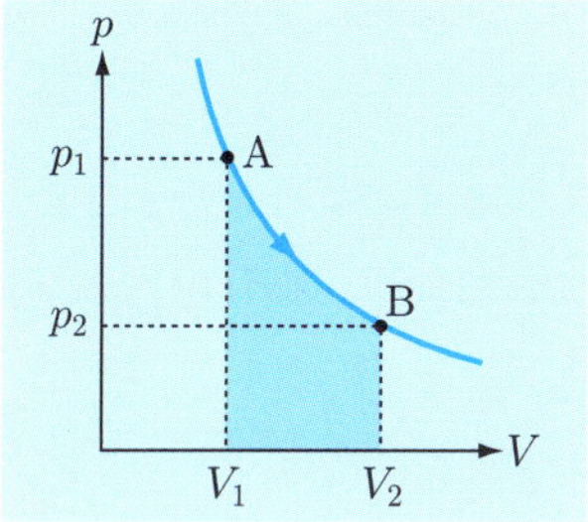

図 9.3 気体の準静的変化

非常にゆっくり行われるものとしよう．すなわち変化の途中のどの瞬間においても，気体の温度と圧力は一様であって，外界と熱平衡にあるものとする．そのような変化を**準静的変化**（**過程**）という．

図 9.2(b) のように，シリンダーの中の気体が準静的に膨張して，ピストンが dy だけ変化したとしよう．このとき気体の体積は $dV = Sdy$ だけ増大し，気体はピストンに，

$$dW = pSdy = pdV \tag{9.2}$$

だけの仕事をする．これからわかるように，気体が膨張すれば $(dV > 0)$，必ず気体は外界（この場合はピストン）に対して正の仕事 $(pdV > 0)$ をする．逆に圧縮すれば $(dV < 0)$，気体は外界へ負の仕事 $(pdV < 0)$ をすることになる．すなわち，気体は外界から正の仕事

$$-dW = -pdV \tag{9.3}$$

をされる．

したがって，シリンダーの中の気体の状態が，図 9.3 の $p - V$ 面内で点 A から点 B へ変化するとき，気体がピストンにする全仕事 W は，(9.2) の積分によって与えられる．

$$W = \int_{V_1}^{V_2} pdV \tag{9.4}$$

この積分を計算するには，気体が始状態 A から終状態 B へ移る途中の各時点で，圧力 p と体積 V がわかっていなければならない．すなわち，p が

$$p = f(V) \tag{9.5}$$

のように，V の関数として与えられていることが必要である．$f(V)$ がわかれば，図 9.3 のように，$p-V$ 面内上での点 A から点 B へ到る経路が定まり，この間気体がなした仕事 W は，$p-V$ 曲線の下側の面積（青色の部分）になる．

このように，気体が状態を変えるとき，気体が外部へ対してする仕事は，始状態と終状態だけでは決まらず，途中の経路に依存する．そこで，図 9.3 において，同じ始状態 A から終状態 B を結ぶ経路として，たとえば，図 9.4 の (a) と (b) の 2 つの経路を考えてみよう．

図 9.4(a) のように，経路 A → C → B に沿って変化する場合は，気体は，まず始状態 $A(p_1, V_1)$ から，体積を V_1 に保ったまま，圧力がゆっくり減少して $C(p_2, V_1)$ に達し，次に，圧力を p_2 に保ったまま，体積が V_1 から V_2 までゆっくり膨張して終状態 $B(p_2, V_2)$ に到る．このとき，気体がピストンにする仕事 W_a は，図の青色をつけた長方形の面積に等しく，

$$W_a = p_2(V_2 - V_1) \tag{9.6}$$

になる．一方，図 (b) のように，経路 A → D → B の場合は，気体は，はじめ一定圧力 p_1 の下で，体積が V_1 から V_2 まで準静的に膨張して $D(p_1, V_2)$ に達し，引き続きこんどは体積を V_2 に保ったまま，圧力がゆっくり減少して終

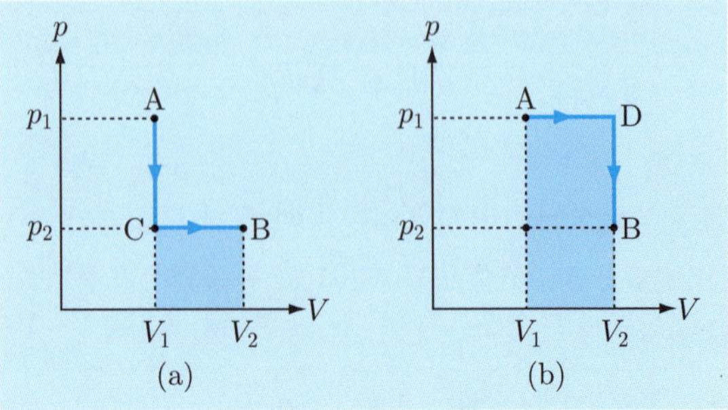

図 9.4 気体のする仕事は経路に依存する

状態の $B(p_2, V_2)$ へ到る．したがって，この経路をたどって A から B に変化するときに気体がピストンへする仕事 W_b は，

$$W_b = p_1(V_2 - V_1) \tag{9.7}$$

である．ここに，$p_1 > p_2$ であるから，$W_b > W_a$ となる．

気体に伝達される熱

前述では，A から B に気体が状態を変えるとき，気体が外部へする仕事 W（あるいは気体が外部からされる仕事 $-W$）は，気体がたどる途中の経路に依存することをみた．このことは，仕事というエネルギー移動の方法だけでは気体の状態を自由に変えることが出来ないことを表している．実際に，図 9.4 の A→C および D→B の 2 つの変化では，気体は仕事をすることも，されることもないが，明らかに気体の状態は変化している．このような状態の変化を実現するには，気体を体積一定の下で冷却すればよい．(9.1) によれば，一定の体積に閉じ込められた気体の圧力は温度に比例する．したがって，気体を A→C のように変化させるには，気体の温度を

$$T_1 = \frac{V_1}{R} p_1 \quad \rightarrow \quad T_2 = \frac{V_1}{R} p_2$$

のように下げればよい．また，系の温度変化 ΔT は系に与えられた熱量 ΔQ に比例するから，気体の定積モル比熱を c_V とすると，この間に気体に与えられる熱量 Q_1 は

$$Q_1 = c_V(T_2 - T_1) = \frac{c_V V_1}{R}(p_2 - p_1) \tag{9.8}$$

である．同様に，D→B の過程で気体に与えられる熱量 Q_2 は

$$Q_2 = \frac{c_V V_2}{R}(p_2 - p_1) \tag{9.9}$$

となる．この場合，Q_1 も Q_2 も負になる．

9.3 熱力学の第 1 法則

物体と外部との間のエネルギーの移動は，仕事と熱の 2 つの過程によって行われる．この 2 つの過程を通して物体に流入した正味のエネルギーは，物体を構成している原子・分子の微視的な運動の力学的エネルギー，つまり内部エネルギーに変換され，物体内に保有される．このことを述べたのが**熱力学の第 1 法則**である．この法則は，次のように表現される．

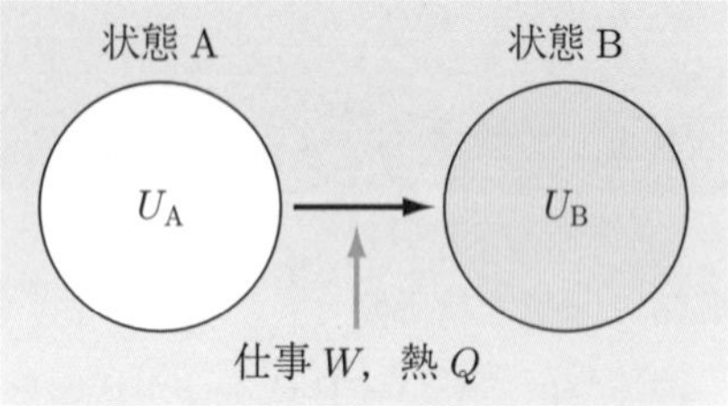

図 9.5　仕事と熱と物体の状態変化

熱力学の第 1 法則：　熱平衡状態 A にある物体に外部から熱量 Q が入り，物体が外部に仕事 W をした結果，その物体は熱平衡状態 B に変化したとする．この変化における物体の内部エネルギーの変化分 ΔU は，

$$\Delta U = U_B - U_A = Q - W \tag{9.10}$$

で与えられる．

ここで，U_A, U_B はそれぞれ状態 A および B における物体の内部エネルギーである．(9.10) では，U, Q, W はいずれも共通の単位（例えば J）で表されなければならない．また，Q, W の符号については，物体から熱が外部へ出る場合は Q は負 $(Q < 0)$，物体が外部から仕事をされる場合は W は負 $(W < 0)$ である．(9.10) は微分量で表すと，

$$dU = \Delta Q - \Delta W \tag{9.11}$$

となる．右辺で，dQ, dW と書かないで $\Delta Q, \Delta W$ と書いたのは，これらが微小な変化量（状態量の変化分）ではなく，状態の変化の仕方を決める微小量であることを明示するためである．

(9.10) で表される熱力学の第 1 法則は，力学における “力学的エネルギー保存則” に，系の内部エネルギーの変化を含めるようにした “**一般化されたエ**

ネルギー保存則” であって，力学的な現象に比べてはるかに複雑な熱現象を理解する上で最も重要な基本法則である．

9.4 いろいろな状態変化

物体の状態は，外部との熱的および力学的なエネルギーのやりとりを通して，1つの状態 A から別の状態 B へ変化することができる．その場合，物体の状態変化（過程という）は，外部とのエネルギーのやりとりの仕方によって特徴付けられる．

孤立系

外部と熱的にも力学的にも相互作用をしない系を**孤立系**という．この場合は系への熱の流れもなく，また系が外部へ仕事をする（または外部からされる）こともない．したがって，$Q = W = 0$, $\Delta U = U_{\mathrm{B}} - U_{\mathrm{A}} = 0$ であるから，

$$U_{\mathrm{A}} = U_{\mathrm{B}} \tag{9.12}$$

となる．すなわち，

『孤立系の内部エネルギーは保存される．』

断熱変化（断熱過程）

系への熱の出入りをまったく伴わない変化を**断熱変化**（**断熱過程**）という．すなわち，断熱変化は $Q = 0$ の過程である．断熱変化を実現するには，系を断熱材で囲んで系への熱の移動を遮断しなければならない．(9.10) で，$Q = 0$ とすると

$$\Delta U = -W \qquad (\text{断熱変化}) \tag{9.13}$$

となる．

定積変化（定積過程）

一定体積の下で起こる系の圧力と温度の変化を**定積変化**（**定積過程**）という．定積変化では $dV = 0$ であるから，系がする仕事は 0 である．したがって，熱力学の第 1 法則 (9.10) から，

$$\Delta U = Q \tag{9.14}$$

となり，系に与えられた熱量のすべてが，系の内部エネルギーの増加に使われることになる．定積変化は気体では可能であるが，液体や固体の場合に，体積を変えずに温度を変えることは実際には難しい．しかし，液体や固体の場合は，体積の変化そのものが小さいので，液体や固体の変化は通常は定積変化として扱われる．

定圧変化（定圧過程）

一定圧力の下で起こる系の体積と温度の変化を**定圧変化**（**定圧過程**）という．定圧変化では系への熱の移動も，系がする仕事も0ではない．一定圧力 p の下で系の体積が V_A から V_B に変化するとき，系が外部へする仕事 W は

$$W = p(V_\mathrm{B} - V_\mathrm{A}) \tag{9.15}$$

である．

等温変化

一定の温度の下で起こる系の体積と圧力の変化を**等温変化**（**等温過程**）という．$p-V$ 図上の等温変化を表す曲線は**等温線**と呼ばれる．理想気体の場合はボイル-シャルルの法則 (8.2) が成り立つので，等温線は双曲線となる．理想気体の内部エネルギーは温度のみの関数であるから，理想気体の等温変化では，内部エネルギーは変化しない．すなわち，

$$\Delta U = 0 \qquad \text{(理想気体の等温変化)} \tag{9.16}$$

9.5 熱伝達（熱の移動）

これまで，しばしば「外部から物体への熱の流入（あるいは移動）」といういい方をしてきたが，ここでは，この熱の移動の過程，つまり熱の伝わり方について考えてみる．熱（熱エネルギー）は2つの物体間に，あるいは1つの物体の内部に温度差があるとき，高温の物体（部分）から低温の物体（部分）へ移動する．この熱の移動方法には，大別して“**熱伝導**”，“**対流**”，“**熱放射**”の3つがある．

熱伝導

温度差がある物体同士を接触させたり，1つの物体内に温度差ができた場合にみられる高温部から低温部への熱の伝わり方を**熱伝導**という．原子的スケールでみると，熱は物質を構成している原子や分子の運動エネルギーであって，熱伝導は，分子同士の間の運動エネルギーの交換によって説明される．すなわち，高温部で激しく振動している分子がもつ高い運動エネルギーが，分子間力を通して，隣接の分子へ順次伝えられていき，低温部の分子がそのエネルギーを獲得する．こうして熱は高温部から低温部へ伝達されていく．

熱伝導の法則

熱伝導をミクロな立場から理論的に考察するのは，なかなか難しく，本書のレベルをはるかに超える．そこで，ここでは，マクロな立場から熱伝導の法則を導いてみよう．

熱伝導の過程は力学的な仕事を伴わないので，熱量は保存される．したがって，物体に熱が加えられれば，それに比例して物体の温度が上昇する．また，物体の温度が一定に保たれる場合は，時間 Δt の間に物体に流入する熱量と流出する熱量は等しくなる．これらのことは，熱を一種の流体とみなして，扱えることを示唆している．

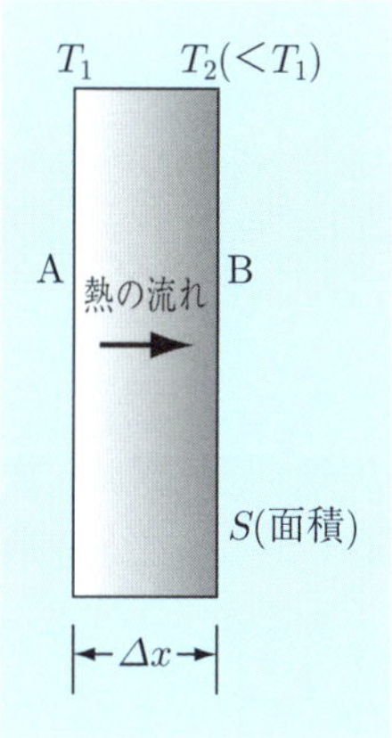

図 9.6　板の厚さ方向の熱伝達

そこで，流体の流量に倣って，熱の流量を定義しよう．いま，物体（あるいは空間）内に任意の面積 S を考えて，時間 Δt の間にこの S を通過する熱量が ΔQ であったとする．このとき S を通り抜ける**熱の流量** H を

$$H = \frac{\Delta Q}{\Delta t} \tag{9.17}$$

で定義する．H の単位は W(ワット ($1\,\mathrm{W} = 1\,\mathrm{J/s}$)) である．

いま，図 9.6 に示すように，厚さ Δx，面積 S の一様な板の一方の面 A が温度 T_1 に，他方の面 B が T_2 に保たれていて，$T_1 > T_2$ であるとしよう．

実験によれば，このとき，A側からB側へ流れる熱の流量 H は，板の面積 S と両側の温度差 $\Delta T = T_2 - T_1$ に比例し，厚さ Δx に反比例する．すなわち，

$$H = -kS\frac{\Delta T}{\Delta x} \qquad (9.18)$$

となる．ここに，$\Delta T/\Delta x$ は板の厚さ方向の**平均温度勾配**である．そこで，板の厚さが無限小の極限を考えると，(9.18) は

$$H = -kS\frac{dT}{dx} \qquad (9.19)$$

と表される．(9.19) は**熱伝導の法則**と呼ばれる．また，比例係数 k は物質によって異なる定数で，**熱伝導率**と呼ばれる．

表 9.1 いろいろな物質の熱伝導率

物　質	熱伝導率（W/m·K）
金属（25°C）	
アルミニウム	237
金	317
銀	426
銅	401
鉄	807
鉛	36
気体（0°C）	
空気	0.024
水素	0.168
酸素	0.025
窒素	0.024
ヘリウム	0.142
その他（0°C）	
水	0.56
氷	2.2
ガラス	0.8

物体の熱伝導率は，物体の材質によって大きく変動する．表 9.1 にいろいろな物質の熱伝導率を示しておく．表にみられるように，金属の熱伝導率は極めて大きく，逆に空気をはじめとする気体の熱伝導率は一般に小さい．金属の熱伝導率が大きいのは，金属では，分子同士の振動エネルギーの交換による熱伝達の他に，金属中の自由電子自身が，熱エネルギーを運ぶためである．気体の場合は，分子同士が衝突する際に，運動エネルギーを交換することによって熱が伝えられる．しかし，固体や液体に比べて密度の希薄な気体ではそのような衝突の頻度が小さいため，熱が伝わり難い．気体のこのような性質は，日常生活の中で，しばしば断熱材として利用されている．たとえば，われわれが身に付ける衣服では，布地の中に閉じ込められた空気が断熱材のはたらきをしている．

対流

液体や気体の熱伝達は，前述の熱伝導よりも，むしろ液体や気体自身の運

動によって起こる．たとえば，やかんで湯を沸かすとき，下から加熱すると，まず，底に接した部分の水が暖まって膨張する．膨張した水は密度が低下するため浮力によって上昇し，反対に上層部の密度の高く冷たい水が下降して，底部の水と置き換わる．こうしてやかんの水の温度は，熱伝導によるよりも効率よく上昇し，湯が速く沸くことになる．

このように，加熱された物質が流動することによって熱が伝達される機構を**対流**という．とくに，やかんの中の水のように，高温の部分と低温の部分の密度の差によって起こる対流を**自然対流**と呼ぶ．これに対して，高温に加熱された液体や気体を，送風機やポンプなどによって低温の物体に吹きかけて加熱する場合のように，高温または低温の物質を強制的に運動させることを**強制対流**という．

熱放射

すべての物体は電磁波の形でエネルギーを放出したり，吸収したりしている．この物体から放射される電磁波は，物体の温度が高くなるほど波長が短く（したがって，振動数が高く）なる．たとえば，鉄をアセチレンバーナーの炎で加熱すると，次第に赤くなり，さらに温度が上がると（炎の温度は約3800°C）青白く光りだす．

シュテファンは，物体の温度と放出される放射エネルギーとの関係を詳しく調べて，放射によって単位時間に放出される熱エネルギー P は，物体の表面積 A に比例し，温度 T（絶対温度）の 4 乗に比例することを見出した．これは**シュテファンの法則**と呼ばれ，次の方程式で表される．

$$P = \sigma A e T^4 \tag{9.20}$$

ここに，P は**エネルギー放射率**と呼ばれ，単位には W（ワット）が用いられる．比例係数 σ は

$$\sigma = 5.700 \times 10^{-8}\ \mathrm{W/m^2 \cdot K^4} \tag{9.21}$$

である．また，e は**放射率**と呼ばれる定数で，表面の性質によって変わり，1 より小さい値をとる．

物体は (9.20) に従ってエネルギーを放射するが，同時に周囲から電磁放射エネルギーを吸収する．すなわち，物体が周囲よりも高温であれば物体は吸収する以上にエネルギーを放出するが，逆に周囲より温度が低ければ，放出するより吸収するエネルギーの方が上回り，物体の温度は上昇する．物体が周囲と熱平衡状態にあるときは，このエネルギーの放射と吸収の割合が等しくなり，物体の温度は一定に保たれる．放射率 $e = 1$ の物体は**黒体**と呼ばれる．黒体は理想的な放射体であると同時に，到来したすべてのエネルギーを吸収する理想的な吸収体である．

第 9 章例題

例題 9.1 **理想気体の状態変化**

n mol の理想気体が，図 9.7 に示す 3 通りの経路を経て状態 $A(T_A, V_A, p_A)$ から状態 $B(T_B, V_B, p_B)$ まで変化するとき，それぞれの場合について，気体がする仕事および気体が吸収する熱量を求めよ．

(1) A → B （等温変化） (2) A → C → B (3) A → D → B

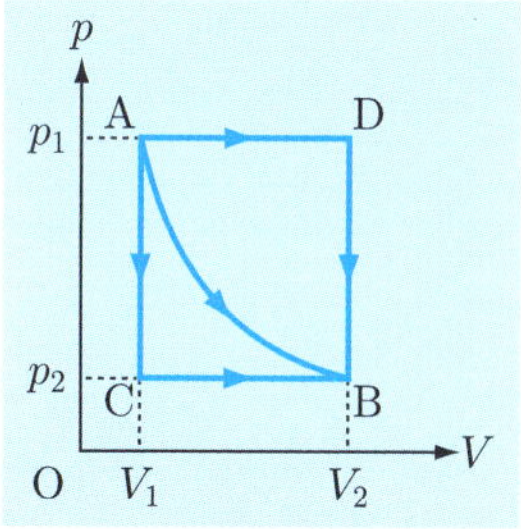

図 9.7

解答 A → B は等温変化であるから，始状態 A と終状態 B の温度は等しい．すなわち，$T_A = T_B$ である．また，理想気体の内部エネルギーは温度だけの関数であるから，A と B での内部エネルギーは等しい．したがって，3 つの過程における内部エネルギーの変化は，いずれも，$\Delta U = 0$ であり，それぞれの過程で気体に吸収される熱量 Q と，気体がなす仕事 W とは等しくなる．

(1) A → B （等温変化）： ボイル-シャルルの法則 (8.2) より，図 9.7 の曲線 A → B は双曲線である．

$$p = nRT/V$$

したがって，気体がする仕事 W_{AB} および吸収する熱量 Q_{AB} は，(9.4) より

$$W_{AB} = \int_{V_1}^{V_2} pdV = nRT \int_{V_1}^{V_2} \frac{1}{V} dV = nRT \log \frac{V_2}{V_1} = Q_{AB}$$

(2) A → C → B： この場合の気体がする仕事 W_{ACB} はすでに求められており，(9.6) で与えられる．したがって，

$$W_{ACB} = p_2(V_2 - V_1) = Q_{ACB}$$

(3) A → D → B： この場合の気体がする仕事 W_{ADB} はすでに求められており，(9.7) で与えられる．したがって

$$W_{ADB} = p_1(V_2 - V_1) = Q_{ADB}$$

例題 9.2　　**サイクル過程と仕事**

図 9.8 のように，はじめ状態 A にあった気体が，経路 C に沿って膨張して状態 B に達した後，こんどは経路 C′ に沿って圧縮されて再び A へ戻る過程を考える．このように経路が閉曲線を描く過程を**サイクル**，または**サイクル過程**という．サイクル過程では，系が外部へなす仕事 W と系が吸収する熱量 Q が等しなり，閉曲線で囲まれた面積で与えられることを示せ．

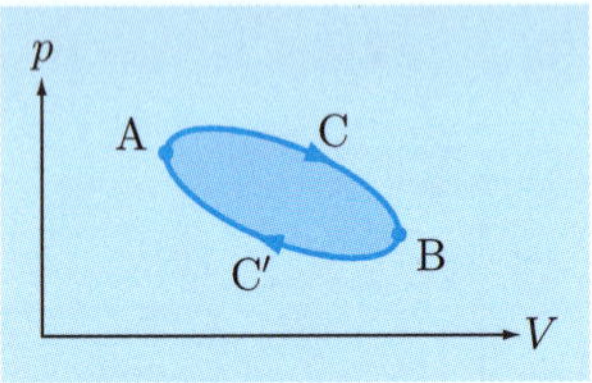

図 9.8

解答　サイクル過程では，始状態と終状態が一致しているため，内部エネルギーの変化はない．したがって，熱力学第 1 法則より

$$Q - W = 0 \qquad \therefore \quad Q = W$$

となり，サイクルの間に気体が外部になす仕事と吸収する熱量は等しくなる．

また，気体がサイクルの間に外部へする仕事 W は，ACB と BC′A の 2 つの過程でそれぞれ気体がなす仕事の和として求められる．したがって，A, B での気体の体積をそれぞれ V_A, V_B とすると，(9.4) より

$$W = \int_{V_\mathrm{A}(\mathrm{C})}^{V_\mathrm{B}} p dV + \int_{V_\mathrm{B}(\mathrm{C}')}^{V_\mathrm{A}} p dV = \int_{V_\mathrm{A}(\mathrm{C})}^{V_\mathrm{B}} p dV - \int_{V_\mathrm{A}(\mathrm{C}')}^{V_\mathrm{B}} p dV$$

となる．ここで，右辺の第 1 項は，図 9.9(a) で青色の部分 ACBB′A′A の面積，第 2 項の積分は図 (b) で青色の部分 AC′BB′A′A の面積に等しい．したがって，W はこれらの 2 つの面積の差，閉曲線 ACBC′A で囲まれた面積に等しい．

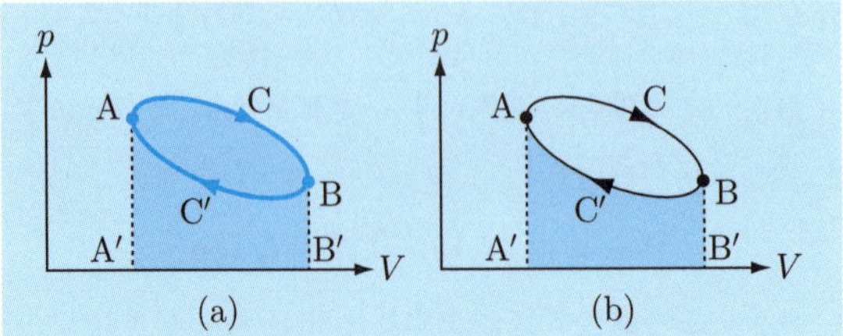

図 9.9

例題 9.3 **2 本の棒を通す熱伝達**

材質の異なる 2 本の棒 A, B が図 9.10 のように熱接触している．A，B は断面積が S で等しく，長さはそれぞれ L_1, L_2 であり，熱伝導率はそれぞれ k_1, k_2 である．この複合棒の A 端は温度 T_1 に，B 端は $T_2 (T_1 > T_2)$ に保たれており，側面は熱が逃げないように断熱材で被覆されている．熱の流れが定常に達しているとき，2 つの棒の境界面における温度 T および熱伝達率 H を求めよ．

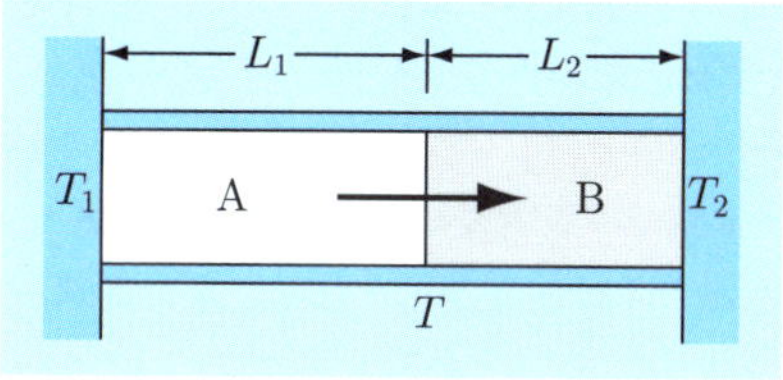

図 9.10

解答 $T_1 > T_2$ であるから，$T_1 > T > T_2$ となり，図 9.10 のように熱は A から B へ流れる．したがって，棒 A を通って流れる熱の伝達率 H_A は，(9.18) より次式で与えられる．

$$H_A = \frac{k_1 S (T_1 - T)}{L_1} \tag{9.22}$$

同様にして，棒 B を流れる熱の伝達率は

$$H_B = \frac{k_2 S (T - T_2)}{L_2} \tag{9.23}$$

である．熱の流れが定常である場合は，これらの熱の伝達率は等しくなければならないから，

$$\frac{k_1 (T_1 - T)}{L_1} = \frac{k_2 (T - T_2)}{L_2}$$

となる．これを T について解くと，

$$T = \frac{k_1 L_2 T_1 + k_2 L_1 T_2}{k_1 L_2 + k_2 L_1}$$

と得られる．また，この温度 T を，(9.22), (9.23) のいずれかの式に代入すると，境界面を流れる熱の伝達率は

$$H = H_A = H_B = \frac{S (T_1 - T_2)}{(L_1/k_1) + (L_2/k_2)}$$

と求められる．

第9章演習問題

[1]　5 mol の理想気体がある．いま，温度を 127°C に保ったまま，この気体が，はじめの体積の 4 倍になるまで等温膨張した．気体定数を 8.31 J/mol·K として以下の問いに答えよ．

(1)　この間に気体が外部にする仕事を（J 単位で）求めよ．

(2)　この間に気体が吸収する熱量を（J 単位で）求めよ．

[2]　日光の華厳の滝の落差は 97 m である．滝を落下する水は重力によって仕事をされるが，そのエネルギーは滝つぼに衝突した際にすべてが熱エネルギーに変換される．滝の上と滝壷の中との水温の差は何度か．ただし，重力加速度の大きさは $9.8\,\mathrm{m/s^2}$，水の比熱は 4.2 J/g·K とする．

[3]　ピストンのついたシリンダーの中に，水と水蒸気が閉じ込められて，1 気圧 (1.013×10^5 Pa)，100°C に保たれている．いま，圧力を一定に保ちながら，ピストンの内部に熱を加えて 2.0 g の水をさらに蒸発させたところ，水蒸気の体積が 3.3 ℓ だけ増加した．

(1)　加えた熱量はいくらか．ただし，水の蒸発熱は 2.26×10^3 J/g とする．

(2)　このとき気体がピストンにした仕事はいくらか．

(3)　この系の内部エネルギーはいくら増加したか．

[4]　はじめ圧力 10 atm，温度 20°C の下で体積が 1 ℓ ($10^{-3}\,\mathrm{m^3}$) であったヘリウムの体積を，$1\,\mathrm{m^3}$ まで膨張させる．この膨張の間，圧力 p と体積 V の積の関係は $pV = C$（定数）で表されるものとする．

(1)　定数 C の値はいくらか．

(2)　$1\,\mathrm{m^3}$ まで膨張したヘリウムの最終温度はいくらか．

(3)　膨張の間にヘリウムがした仕事はいくらか．

[5]　理想気体が図 9.11 に示すサイクル過程 ABCDA を行うとき，気体が外部になす仕事を求め，それが図の長方形の面積に等しいことを示せ．

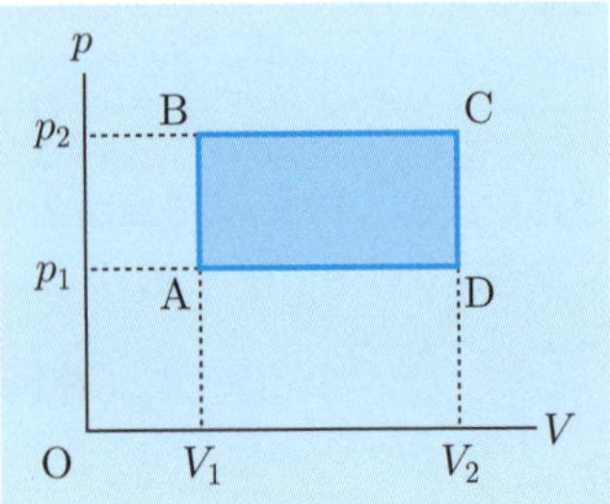

図 9.11

[6]　厚さが 4 cm の断熱材で作った，全表面積が $1.2\,\mathrm{m^2}$ の箱がある．この箱の中に 10 W のヒーターを入れて内部を暖めたところ，外部より 15 K 高く保つことができた．断熱材の熱伝導率 k はいくらか．

第 10 章

気体の分子運動論

温度の分子論的解釈

ルートヴィッヒ・ボルツマン（**Ludwig Boltzmann ; 1844 ~ 1906**）

本章の内容

10.1 理想気体の分子モデル

前章では，理想気体の振る舞いが，ボイル-シャルルの法則 (8.2)

$$pV = nRT$$

によって説明されることをみてきた．この法則のように，気体の圧力，体積，温度という巨視的な変数（つまり状態変数）間の関係を与える方程式は，**気体の状態方程式**と呼ばれる．この章では，気体を分子の集合として扱い，微視的な立場から理想気体の状態方程式 (8.2) を導く．すなわち，個々の分子の運動にニュートンの運動の法則を適用し，さらにそれらを統計的に処理をすることによって，“気体の内部エネルギー” や “温度” という熱力学の基本的概念に対する物理的な説明を与える．この章のように，微視的な立場から，気体を，運動する分子の集合体として扱う議論は**気体分子運動論**と呼ばれる．

気体分子運動論では，数学的な取り扱いを簡単にするために，次のようないくつかの仮定をする．すなわち，

(1) 気体を構成している分子はすべて同一であって，その体積は無視できるほど小さい剛体球（質点）とみなされる．

(2) 気体を構成している分子の数はきわめて大きく（アボガドロ数程度），各分子はいろいろな速さをもち，あらゆる方向に同じ確率で運動している．

(3) 各分子の運動はニュートンの運動の法則に従っており，分子同士または分子と壁は弾性衝突する．

(4) 壁に衝突する気体分子から容器の壁を構成する分子へ伝えられるエネルギーの平均値と，壁の分子から気体分子へ伝えられるエネルギーの平均値は等しい．

これは**剛体球モデル**と呼ばれる．

10.2 理想気体の圧力

前節で述べた理想気体の剛体球モデルによって，気体の圧力を計算してみよう．

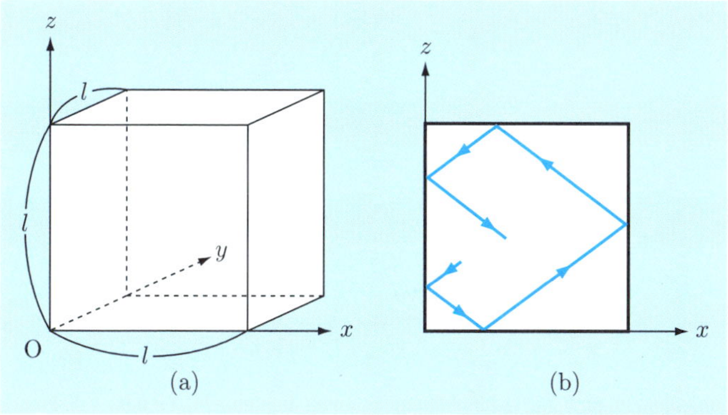

図 10.1 箱の中の分子と壁の衝突

図 10.1(a) のような各辺の長さが l の立方体の容器の中に N 個の気体分子が閉じ込められている場合を考えよう．各分子はすべて等しく，質量が m の質点とみなすことができるものとする．これらの気体分子は，互いに衝突することもなく，容器内を自由に飛び回っている．

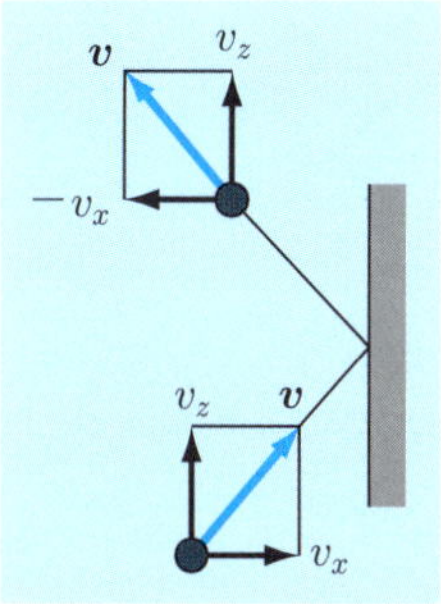

図 10.2 分子と壁の弾性衝突

気体の圧力とは，容器の壁の単位面積あたりに気体が加える平均の力である．この力を求めるには，分子が壁に衝突したときに壁に与える力の平均値を計算すればよい．分子の壁との衝突は弾性衝突であって，図 10.1(b) のように反射の法則に従っているとしよう．いま，ある 1 つの分子が，図 (b) の右側の壁に向かって速度 $\boldsymbol{v}$ で運動し，壁に衝突する際に壁に与える力積を求めてみよう．この分子の速度の成分を v_x, v_y, v_z とすると，衝突によって，x 成分は反転されて，v_x から $-v_x$ に変わるが，速度の y 成分および z 成分は変化しない（図 10.2）．すなわち，この衝突によって分子の運動量は x 成分だけが mv_x から $-mv_x$ へ変化し，y 成分および z 成分は変化しない．したがって，衝突による分子の運動量変化量 $\Delta\boldsymbol{p}$ の各成分は

$$\Delta p_x = -mv_x - (mv_x) = -2mv_x, \quad \Delta p_y = 0, \quad \Delta p_z = 0 \tag{10.1}$$

となる．力学（たとえば本シリーズの新・基礎力学）で学んだように，粒子

の運動量の変化はその粒子が受けた力積に等しく，このとき，壁は作用反作用によりこれと同じ大きさで逆向きの力積 $2mv_x$ を粒子から受ける．この分子が壁に衝突した後，再び同じ壁に衝突するには，分子は x 方向に距離 $2l$ だけ移動しなければならないから，その所要時間は $2l/v_x$ である．したがって，時間 Δt の間に，この分子が壁に衝突する回数は，

$$\Delta t \times \frac{v_x}{2l}$$

であり，衝突の度ごとに分子は壁に x 方向の力積 $2mv_x$ を与えるから，この間に壁が受ける力積の合計は，

$$2mv_x \times \Delta t \times \frac{v_x}{2l} = m{v_x}^2 \left(\frac{\Delta t}{l}\right) = F\Delta t$$

である．これより，1 個の分子が壁に垂直に及ぼす平均の力 F は

$$F = \frac{m{v_x}^2}{l} \tag{10.2}$$

となる．壁が気体全体から受ける力は，N 個の分子によるこのような力の総和であり，それを単位面積あたりに直したものが気体の圧力 p であるから，

$$p = \frac{1}{l^3}\sum_{i=1}^{N} m{v_{ix}}^2 = \frac{1}{V}\sum_{i=1}^{N} m{v_{ix}}^2 \tag{10.3}$$

が得られる．N 個の分子についての ${v_{ix}}^2$ の平均値 $\langle {v_x}^2 \rangle$ を

$$\langle {v_x}^2 \rangle = \frac{1}{N}\sum_{i=1}^{N} {v_i}^2 \tag{10.4}$$

と定義すると，(10.3) は

$$p = \frac{N}{V} m \langle {v_x}^2 \rangle \tag{10.5}$$

と書き表される．

1 分子の速さの 2 乗平均は

$$\langle v^2 \rangle = (\langle {v_x}^2 \rangle + \langle {v_y}^2 \rangle + \langle {v_z}^2 \rangle) \tag{10.6}$$

で与えられる．各分子はランダムな運動をしており，平均的に見れば等方的であって，x, y, z 方向は同等でなければならない．したがって，これは

$$\langle {v_x}^2 \rangle = \langle {v_y}^2 \rangle = \langle {v_z}^2 \rangle = \frac{1}{3}\langle v^2 \rangle \tag{10.7}$$

と書ける．(10.7) を (10.5) に代入すると，

$$p = \frac{1}{3}\frac{N}{V}m\langle v^2 \rangle = \frac{2}{3}\frac{N}{V}\left\{\frac{1}{2}m\langle v^2 \rangle\right\} \tag{10.8}$$

となる．これは，気体の圧力は，単位体積あたりの分子数 N/V と 1 分子あたりの平均並進運動エネルギー $m\langle v^2 \rangle/2$ の積に比例することを表している．

10.3　温度の分子論的解釈

いま，アボガドロ数を N_A とし，気体は n mol であるとすると，気体の分子数 N は

$$N = nN_\mathrm{A} \tag{10.9}$$

であるから，(10.8) は

$$pV = \frac{2}{3}nN_\mathrm{A}\left\{\frac{1}{2}m\langle v^2 \rangle\right\} \tag{10.10}$$

と表される．一方，理想気体にはボイル-シャルルの法則 (8.2)

$$pV = nRT$$

が成り立つ．したがって，この両式を比較すると，(10.10) は

$$\frac{1}{2}m\langle v^2 \rangle = \frac{3}{2}\frac{R}{N_\mathrm{A}}T \tag{10.11}$$

と表されることがわかる．ここで，

$$k_\mathrm{B} = \frac{R}{N_\mathrm{A}} = 1.380658 \times 10^{-23}\ \mathrm{J/K} \tag{10.12}$$

で定義される**ボルツマン定数** k_B を用いると，(10.11) から

$$\frac{1}{2}m\langle v^2 \rangle = \frac{3}{2}k_\mathrm{B}T \tag{10.13}$$

という関係式が得られる．このようにして，分子 1 個あたりの平均の運動エネルギーは温度 T に比例することがわかる．また，逆に温度を (10.13) で定義するとボイル-シャルルの法則 (8.2) が分子論的に導かれたことになる．

10.4 理想気体の内部エネルギー

単原子分子気体の内部エネルギー

前章で，物体に保有されているエネルギーとして内部エネルギーという状態量を導入した．これは物体を構成している原子や分子の微視的な力学的エネルギーの和として定義される．この内部エネルギーは巨視的な状態量として扱われる場合には，その変化量だけが意味をもつため，その基準点は問題にしなくてもよかった．

ところで，これまでの剛体球モデルによる議論から，理想気体の圧力という巨視的な状態量は，1 分子あたりの並進運動エネルギーという微視的な量によって表すことができ，温度は，その分子の平均運動エネルギーの直接的な目安を与える量であることなどがわかった．このことは，理想気体の場合は内部エネルギーの絶対値が定義できることを示唆している．

剛体球モデルでは，分子を質点とみなし，その構造は考えない．したがって，ヘリウムやネオン，アルゴンなどの単原子分子からなる希薄な気体に適用することができる．このような単原子分子気体では，運動エネルギーは各分子の並進運動（つまり質量中心の運動）によるものだけであって，分子自体の内部運動（振動や回転）は含まれない．したがって，n mol の単原子分子気体の内部エネルギー U は

$$U = \frac{1}{2}m\sum_{i=1}^{nN_{\mathrm{A}}} {v_i}^2 = nN_{\mathrm{A}} \cdot \frac{1}{2}m\langle v^2\rangle = \frac{3}{2}nRT \qquad (10.14)$$

となる．これからわかるように，分子同士の相互作用が無視できる理想気体の場合（そして理想気体の場合のみ）には内部エネルギー U は温度 T だけの関数となる．

理想気体のモル比熱

1 mol の気体に熱量 Q を与えたところ，気体は状態が A から B に変化し，その結果温度が ΔT 上昇したとしよう．その場合の気体のモル比熱 c は，(8.18) から

$$c = \frac{Q}{\Delta T} \tag{10.15}$$

で与えられるが，その値は A から B に到る過程によって変わる．たとえば，図 10.3 の p-V 図上で，A $(p_{\mathrm{A}}, V_{\mathrm{A}}, T_{\mathrm{A}})$ から体積一定の下で B_1 $(p_{\mathrm{B}}, V_{\mathrm{A}}, T_{\mathrm{B}})$ へ到る定積過程と，A から圧力一定の下で B_2 $(p_{\mathrm{A}}, V_{\mathrm{B}}, T_{\mathrm{B}})$ へ到る定圧過程を考えてみよう．ここで，B_1 と B_2 は等温線上にあり，したがって，内部エネルギーは等しいとする．

定積過程では，気体が行う仕事はゼロであり，熱力学の第 1 法則によれば，気体に加えられた熱量 Q のすべてが内部エネルギーとなり，その分，内部エネルギーが増大する．したがって，

$$Q = \Delta U = \frac{3}{2}R(T_{\mathrm{B}} - T_{\mathrm{A}}) = \frac{3}{2}R\Delta T \tag{10.16}$$

であることがわかる．この Q の値を (10.15) に代入すると，**理想気体の定積モル比熱** c_V が

$$c_V = \frac{3}{2}R \tag{10.17}$$

と得られる．これは，(10.14) を使って

$$c_V = \frac{dU}{dT} \tag{10.18}$$

と表される．

次に一定圧力の下で A $\to$ B_2 に沿って変化する定圧過程を考えよう．B_1 と B_2 は等温線上にあるから，この場合も内部エネルギーの変化 ΔU は

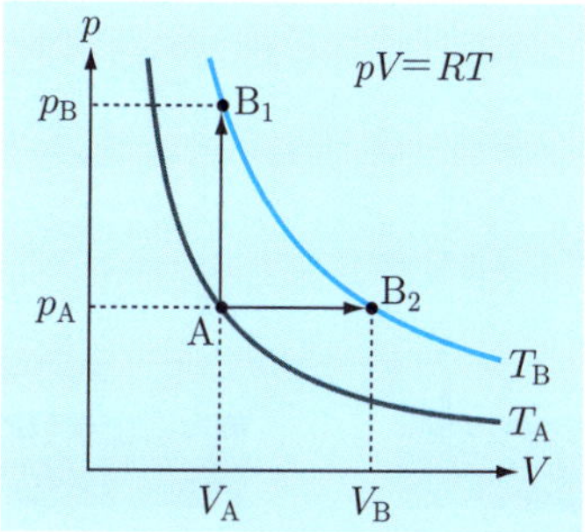

図 10.3 理想気体の定積過程と定圧過程

$$\Delta U = \frac{3}{2}R(T_{\mathrm{B}} - T_{\mathrm{A}}) = \frac{3}{2}R\Delta T \tag{10.19}$$

である．しかし，この過程では体積が増大するため，気体は

$$W = p_{\mathrm{A}}(V_{\mathrm{B}} - V_{\mathrm{A}}) = p_{\mathrm{A}}\Delta V \tag{10.20}$$

の仕事をする（図 10.4）．これは，ボイル-シャルルの法則 (8.2) から，

$$W = p_{\mathrm{A}}\Delta V = R(T_{\mathrm{B}} - T_{\mathrm{A}}) \tag{10.21}$$

と書き表される．したがって，気体に加えられた熱量 Q は，すべてが内部エネルギーになるのではなく，一部は仕事 W に変換される．

この ΔU, Q, W の間には，熱力学の第 1 法則により，

$$\Delta U = Q - W \tag{10.22}$$

の関係が成り立つ．いま，(10.22) の ΔU と W に，(10.19) および (10.21) をそれぞれ代入すると，

$$\frac{3}{2}R\Delta T = Q - R\Delta T \tag{10.23}$$

となる．したがって，単原子分子気体の**定圧モル比熱** c_p は，

$$c_p = \frac{Q}{\Delta T} = \frac{3}{2}R + R = \frac{5}{2}R \tag{10.24}$$

と得られる．これはまた，(10.17) を用いると

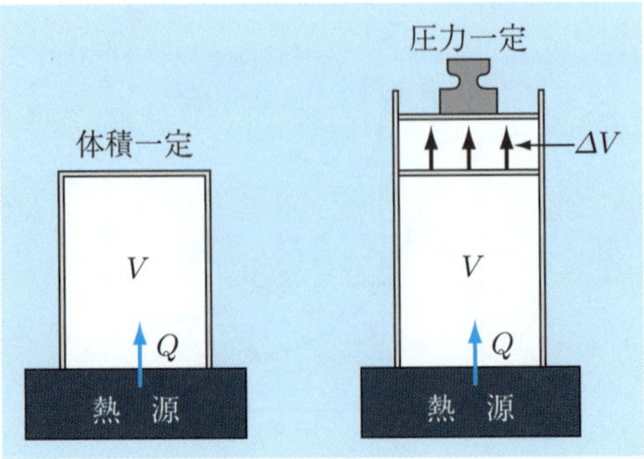

図 10.4　定圧変化の熱と仕事

$$c_p - c_V = R \tag{10.25}$$

とも書ける．この式は，**マイヤーの法則**と呼ばれ，常温，1 atm にある多くの気体について成り立つことが確かめられている．

上で求めた理想気体の定積モル比熱の式 (10.17) および定圧モル比熱の式 (10.24) から導かれる c_p と c_V の予測値

$$c_V = \frac{3}{2}R = 12.5\,\mathrm{J/mol \cdot K} \tag{10.26}$$

$$c_p = \frac{5}{2}R = 20.8\,\mathrm{J/mol \cdot K} \tag{10.27}$$

は理想気体とみなせる希薄な単原子分子気体の実験値ときわめてよく一致している．また，c_p と c_V の比 γ は**比熱比**と呼ばれ，無次元の量

$$\gamma = \frac{c_p}{c_V} = \frac{5}{3} = 1.67 \tag{10.28}$$

である． いろいろな気体の 1 atm の下での比熱の実測値を表 10.1 に示しておく．

表 10.1 いろいろな気体のモル比熱
（**1 atm, 300 K** での値, 単位は **J/mol·K**）

気体		c_p	c_V	$c_p - c_V$	$\gamma = c_p/c_V$
ヘリウム	He	20.8	12.5	8.3	1.67
アルゴン	Ar	20.8	12.5	8.3	1.67
ネオン	Ne	20.8	12.7	8.1	1.64
水素	H_2	28.6	20.3	8.3	1.41
酸素	O_2	29.5	21.1	8.4	1.40
窒素	N_2	29.0	20.6	8.4	1.41
一酸化炭素	CO	29.1	20.7	8.4	1.40
炭酸ガス	CO_2	36.8	28.3	8.5	1.30
メタン	CH_4	35.5	27.1	8.4	1.31
水 (*)	H_2O	33.4	24.9	8.5	1.34

（* … 400°C の値）

10.5　理想気体の断熱変化

すでに述べたように，系とその周囲との間で，熱の出入りを伴わない過程は断熱過程または断熱変化と呼ばれる．ここでは，熱的に絶縁されたシリンダーの中の理想気体が断熱的に膨張あるいは収縮する場合の，気体の圧力 p，体積 V および温度 T の変化を調べよう．簡単のために気体の量は 1 mol とする．

変化は，状態方程式 (8.2) で $n = 1$ とし，

$$pV = RT \tag{10.29}$$

がつねに成り立っているように，非常にゆっくり行われるものとする．すなわち，準静的で断熱的な変化を考える．断熱的であるから系への熱の伝達はなく，$\Delta Q = 0$ である．したがって，熱力学の第 1 法則 (9.11) は

$$dU = -\Delta W \tag{10.30}$$

となる．いま，理想気体の体積が無限小体積 dV だけ変化し，それに伴って温度が無限小温度 dT だけ変化したとしよう．このとき気体がした仕事は

$$\Delta W = pdV \tag{10.31}$$

であり，気体の内部エネルギーの変化は

$$dU = c_V dT = \frac{3}{2} RdT \tag{10.32}$$

である．そこで，これらを熱力学の第 1 法則 (10.29) に代入すると，

$$dU = c_V dT = -pdV \tag{10.33}$$

が得られる．一方，ボイル-シャルルの法則 (10.29) の両辺を微分すると，

$$pdV + Vdp = RdT \tag{10.34}$$

が得られる．(10.33) から，

$$dT = -\frac{1}{c_V} pdV$$

となるので，これを用いると，(10.34) は

$$pdV + Vdp = -\frac{R}{c_V}pdV \tag{10.35}$$

と表される．これは，さらに，両辺を pV で割り，R に (10.25) を代入すると，

$$\frac{dV}{V} + \frac{dp}{p} = -\left(\frac{c_p - c_V}{c_V}\right)\frac{dV}{V} \tag{10.36}$$

と書き表される．これを，比熱比 $\gamma(= c_p/c_V)$ を用いて，

$$\frac{dp}{p} + \gamma\frac{dV}{V} = 0 \tag{10.37}$$

と表し，積分すると

$$\log p + \gamma \log V = \log pV^{\gamma} = 定数$$

となる．すなわち，気体の断熱変化では，p と V の間に

$$pV^{\gamma} = 一定 \tag{10.38}$$

の関係が成り立つことがわかる．これは**ポアソンの法則**と呼ばれる．

また，(10.29) を使うと，(10.38) から，

$$TV^{\gamma-1} = 一定 \tag{10.39}$$

$$\frac{T^{\gamma}}{p^{\gamma-1}} = 一定 \tag{10.40}$$

という関係が導かれる．

断熱変化の始状態と終状態において圧力と体積が正確に測定できれば，(10.38) から気体の比熱比 γ を正確に決めることができる．

第 10 章例題

例題 10.1　　　　ヘリウムガス

体積 $0.10\,\mathrm{m}^3$ の容器に $20°\mathrm{C}$, $5\,\mathrm{mol}$ のヘリウムガスが封入されている．ヘリウムガスは理想気体とみなせるとして，以下の問いに答えよ．

(1)　容器内ヘリウムガスの圧力を求めよ．

(2)　このヘリウムガスの内部エネルギーを求めよ．

(3)　ヘリウム 1 分子（原子）あたりの平均並進運動エネルギーを求めよ．

(4)　ヘリウム 1 分子（原子）あたりの 2 乗平均速度を求めよ．

(5)　容器に閉じ込めたまま，ヘリウムガスの温度を $200°\mathrm{C}$ まで高めるには，どれだけの熱量を気体に加えなければならないか．

解答　(1)　ボイル-シャルルの法則 (8.2) を用い，$n = 5\,\mathrm{mol}$, $V = 0.10\,\mathrm{m}^3$, $T = 293\,\mathrm{K}$ とおくと，

$$p = \frac{nRT}{V} = \frac{5 \times 8.31 \times 293}{0.1} = 1.22 \times 10^5\,\mathrm{Pa} = 1.20\,\mathrm{atm}$$

(2)　(10.14) に，$n = 5\,\mathrm{mol}$, $T = 293\,\mathrm{K}$ を代入すると，

$$U = \frac{3}{2}nRT = \frac{3}{2} \times 5 \times 8.31 \times 293 = 1.83 \times 10^4\,\mathrm{J}$$

(3)　1 分子あたりの平均並進運動エネルギーは (10.13) で与えられる．ここで，$T = 293\,\mathrm{K}$, $k_\mathrm{B} = R/N_\mathrm{A} = 1.38 \times 10^{-23}\,\mathrm{J/K}$ とおくと，

$$\frac{1}{2}m\langle v^2 \rangle = \frac{3}{2}k_\mathrm{B}T = \frac{3}{2} \times 1.38 \times 10^{-23} \times 293 = 6.07 \times 10^{-21}\,\mathrm{J}$$

(4)　(3) より，$3k_\mathrm{B}T = 2 \times 6.07 \times 10^{-21}\,\mathrm{J}$．また，ヘリウムは $1\,\mathrm{mol}$ が $4\,\mathrm{g}$ であるから，1 分子の質量は $m = 4 \times 10^{-3}/N_\mathrm{A} = 6.64 \times 10^{-27}\,\mathrm{kg}$．したがって，

$$\sqrt{\langle v^2 \rangle} = \sqrt{\frac{3k_\mathrm{B}T}{m}} = \sqrt{\frac{2 \times 6.07 \times 10^{-21}}{6.64 \times 10^{-27}}} = 1.35 \times 10^3\,\mathrm{m/s}$$

(5)　定積変化では気体がする仕事は 0 であるから，$Q = nc_V\Delta T$ となる．これに，$n = 5\,\mathrm{mol}$, $c_V = 12.5\,\mathrm{J/mol{\cdot}K}$, $\Delta T = 180\,\mathrm{K}$ を代入すると，

$$Q = 5 \times 12.5 \times 180 = 1.13 \times 10^4\,\mathrm{J}$$

例題 10.2　　　　　　　　理想気体の等温変化と断熱変化

n mol の理想気体が，状態 A（体積 V_A，温度 T_A）から状態 B（体積 V_B，温度 T_B）まで準静的に膨張する．

(1)　変化が等温的に行われる場合，気体がする仕事を求めよ．

(2)　変化が断熱的に行われる場合，気体がする仕事を求めよ．ただし，理想気体の比熱比は γ とする．

解答　(1)　この場合は $T_A = T_B$ であり，状態方程式は

$$pV = nRT_A$$

であるから，気体が外部にする仕事 W は，

$$W = \int_{V_A}^{V_B} pdV = \int_{V_A}^{V_B} \frac{nRT_A}{V} dV = nRT_A \int_{V_A}^{V_B} \frac{1}{V} dV$$
$$= nRT_A(\log V_B - \log V_A) = nRT_A \log \frac{V_B}{V_A}$$

となる．等温変化なので内部エネルギーは変化しない．したがって，この変化において気体は $Q = W$ の熱を吸収する．

(2)　断熱変化であるから，変化の途中の各時点でポアソンの法則が成り立つ．すなわち，

$$pV^{\gamma} = p_A {V_A}^{\gamma} = C \quad （一定）$$

となる．したがって，気体が外部にする仕事 W は，

$$W = \int_{V_A}^{V_B} pdV = C \int_{V_A}^{V_B} \frac{1}{V^{\gamma}} dV = -\frac{C}{\gamma - 1}\left(\frac{1}{{V_B}^{\gamma-1}} - \frac{1}{{V_A}^{\gamma-1}}\right)$$
$$= -\frac{1}{\gamma - 1}\left(\frac{p_B {V_B}^{\gamma}}{{V_B}^{\gamma-1}} - \frac{p_A {V_A}^{\gamma}}{{V_A}^{\gamma-1}}\right) = -\frac{1}{\gamma - 1}(p_B V_B - p_A V_A)$$

となる．ここで，p_A, p_B は，それぞれ A, B 状態における圧力であるが，問題文には与えられていない．そこで，$pV = nRT$ の関係を使うと，W は

$$W = \frac{nR}{\gamma - 1}(T_A - T_B)$$

と得られる．断熱変化なので $Q = 0$ である．したがって，この変化において，気体の内部エネルギーは W だけ減少する．

第 10 章演習問題

[1]　標準状態（0°C, 1 atm）における理想気体 1 mol の体積を求めよ．

[2]　室温のヘリウムガス中におけるヘリウム原子の 2 乗平均速度は 1350 m/s である．この温度における酸素ガス中の酸素分子の 2 乗平均速度はいくらか．ただし，酸素の分子量は 32 で，ヘリウムの分子量は 4 である．

[3]　ある容器に容れられたヘリウムとアルゴンの混合気体が，200°C で熱平衡にある．各気体分子の平均運動エネルギーはいくらか．ただし，ヘリウムの分子量を 4，アルゴンの分子量を 39.9，ボルツマン定数を 1.38×10^{-23} J/K とする．

[4]　10 ℓ（リットル）の容器に，8 atm の酸素ガスが 4 mol 詰められている．容器内の酸素分子の平均並進運動エネルギーを求めよ．ただし，酸素の分子量は 32 で，アボガドロ定数は 6.0×10^{-23} mol^{-1} である．

[5]　5 mol のヘリウムガスの温度が 5 K だけ上昇した．このときのヘリウムガスの内部エネルギーの変化はいくらか．

[6]　0°C の理想気体を断熱的に圧縮して，体積を 100 分の 1 に圧縮すると，気体の温度は何度になるか．ただし，比熱比は $\gamma = 1.40$ とする．

[7]　はじめ 300 K，1 気圧の状態にあった 1 mol の理想気体を，準静的に断熱膨張させたところ，気体の温度がはじめの 1/3 にまで下がった．理想気体の比熱比を 1.40 として，以下の問いに答えよ．

(1)　このとき体積は，はじめの何倍になったか．

(2)　このとき気体の圧力は，はじめの何倍になったか．

[8]　ネオンガスの定積比熱は $C_V = 0.149$ k cal/kg·K である．ネオン原子の質量を計算せよ．

[9]　理想気体の場合，体積 V の変化に対する圧力 p の変化の割合は等温変化と断熱変化ではどのように違うか．

[10]　1 mol の理想気体を熱し，圧力を一定にしたまま体積が n 倍になるまで膨張させた．このとき，気体に与えられた熱量のうちどれだけが外への仕事に使われたか．ただし，比熱比は $\gamma = 1.4$ とする．

第11章

熱力学の第2法則

熱機関とエントロピー

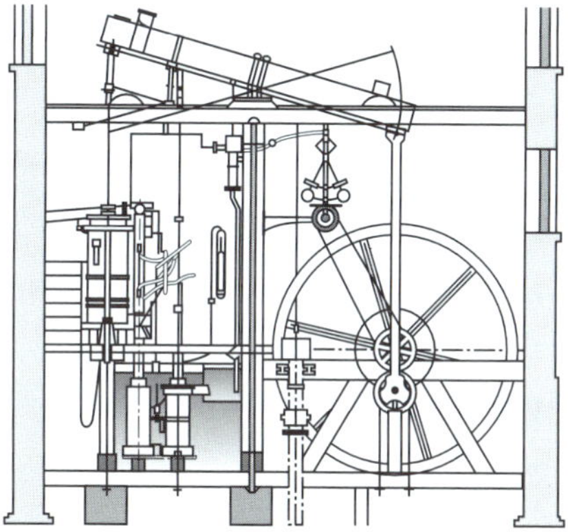

ワットの蒸気機関

本章の内容

11.1 熱力学の第 2 法則

第 9 章で学んだように，熱力学の第 1 法則によれば，物体に熱 Q が加わり，物体が外部に仕事 W をすれば，物体の内部エネルギーが

$$\Delta U = Q - W \tag{11.1}$$

だけ変化する．これからみれば，熱量も仕事も伝達されるエネルギーの一形態であって，同じように見える．しかし，周囲の状態をまったく変えないで仕事を熱に変えることはできても，逆に熱を完全に仕事に変えることはできない．たとえば，表面の粗い床上をすべる物体は，摩擦によって運動エネルギーを失っていき，やがて静止してしまう．このとき，物体の失われる運動のエネルギーはすべて熱となって，床と物体の内部エネルギーに変換されるが，その熱が再び運動エネルギーに変わって物体が動き出すようなことは決してない．このように，自然界には，エネルギー保存則を満たしていても，決して起こりえない現象がある．このことは，エネルギーの形態は無条件に変換できるのではなく，その変換には何か制約あることを示唆している．**熱力学の第 2 法則**は，このエネルギーが形態を変える際の条件について述べたものである．熱力学の第 2 法則は**熱機関**（熱を仕事に変換する装置）の効率を考える場合に重要になる．

可逆過程と不可逆過程

前述のように，実際の系の変化には“方向性”があって，たとえば，高温の物体と低温の物体を接触させると，熱は必ず高温側から低温側へ流れ，逆に低温側から高温側へ流れることはない．もし，熱を低温側から高温側へ流そうとすれば，外から系に何らかの作用を加えなければならない．このような一方的にしか起こらない過程は**不可逆過程**と呼ばれる．

ここで，可逆過程と不可逆過程を定義しておこう．

『一つの系が，ある状態 A から出発して別の状態 B に移る場合に，何らかの方法で，この系および系の状態変化に関与した周囲のすべての物体をもとの状態に戻すことができるとき，はじめの A → B の過程を**可逆過程**といい，どのような方法によっても，すべてをもとに戻すことができないとき，A → B の過程を**不可逆過程**という．』

後で述べるように，『現実の熱現象は，すべて不可逆過程である』というのが熱力学の第 2 法則から導かれる結論である．

しかし，限りなく可逆的に近い過程を考えることはできる．それが，これまでも述べてきた“**準静的な過程**”である．準静的に変化するということは，系が一連の逐次的な平衡状態をたどりながら変化することであって，その場合，一連の逐次変化は，それぞれ平衡状態から無限小ずつずれながら変化する．このような準静的過程では，その一連の逐次状態を逆に準静的にたどることによって，元の状態に戻ることができる．したがって，このような，過程は可逆過程である．

われわれは，これまで気体の状態を $p-V$ 図上の点で表し，その状態変化を図上の曲線で表してきた．これは，平衡状態にある気体では，圧力，体積，温度の 3 つの状態変数のうちの 2 つ変数によってその状態が明確に定まることを利用したものである．したがって，可逆過程がたどる一連の逐次平衡状態は図上では 1 つの曲線で表され，また，逆に描かれた曲線によってどのような過程が進行したかを知ることができる．しかし，不可逆過程では，過程は一連の非平衡状態をたどるため，もはや $p-V$ 図上の曲線で表すことはできない．非平衡状態では 1 つの状態変数（たとえば体積）が定まっても，他の 2 つの状態変数（温度と圧力）が特定できないからである（図 11.1）．

熱機関

熱機関とは，熱エネルギーを力学的エネルギーに変換する装置である．熱機関では，シリンダーに封入された空気のように，熱を吸収させて仕事をさ

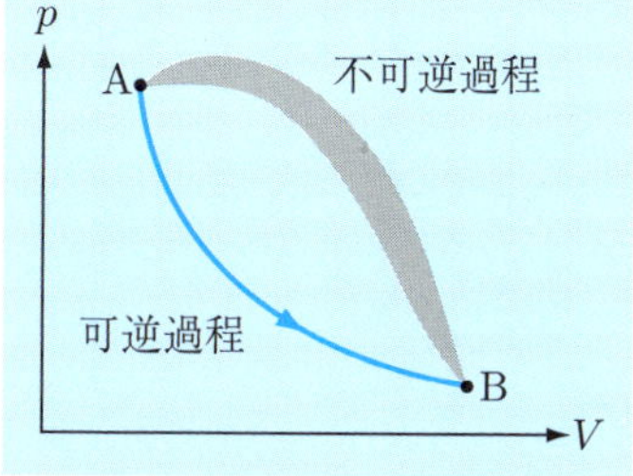

図 11.1　可逆過程と不可逆過程

せるための物質が使われる．そのような物質を**作業物質**と呼ぶ．熱機関は作業物質を使って，次の 3 つの過程からなる**サイクル（循環過程）**を行わせることのできる装置である．

(1)　高温の熱源から熱を吸収する．

(2)　仕事を行う．

(3)　低温の熱源に熱を排出する．

サイクルとは作業物質がやがて元の状態に戻る過程であって，等温過程，断熱過程，等圧過程，等積過程などを組み合わせたいろいろなサイクルが考案されている．なかでももっとも代表的なサイクルは，カルノーによって考案された**カルノーサイクル**で，これは等温変化と断熱変化をそれぞれ 2 回行って元に戻るサイクルである．カルノーサイクルについては節を改めて述べることにする．

どのような熱機関でも，サイクルのどこかで，高温の熱源から熱 Q_1 を受け取って，その一部を仕事 W に変え，残りの内部エネルギー $Q_2 = Q_1 - W$ を熱として低温の熱源に放出する．これを図示すると図 11.2 のようになる．

熱機関の効率

熱機関では，作業物質はサイクルの最後には始めの状態に戻るため，サイクル終了時の内部エネルギーは，最初の内部エネルギーと等しくなり，$\Delta U = 0$ となる．一方，サイクルの間に作業物質が吸収した正味の熱量は $Q_1 - Q_2$ である．ただし，ここでは Q_1 は吸収される熱量を正，また Q_2 は放出される熱量を正としている．したがって，熱機関によってなされた仕事 W は，熱

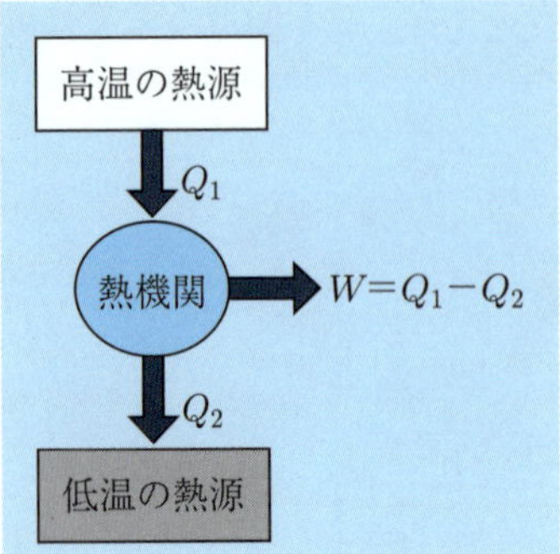

図 11.2　熱機関

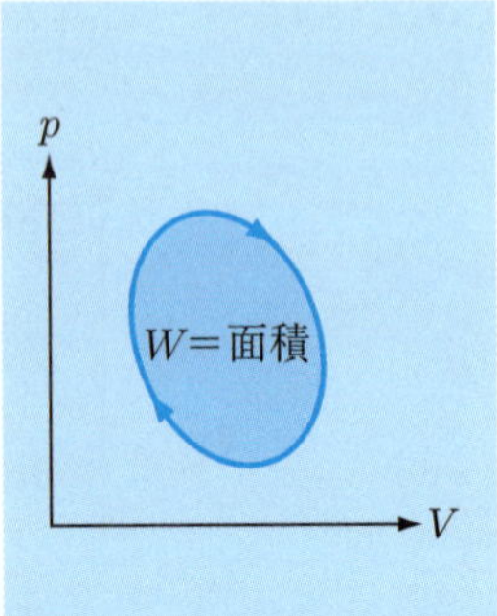

図 11.3　熱機関がする仕事

力学の第 1 法則から，

$$W = Q_1 - Q_2 \tag{11.2}$$

となる．作業物質が気体の場合には，サイクルは $p-V$ 図上では閉曲線で表される．したがって，(11.2) は $p-V$ 図上で閉曲線によって囲まれた面積に等しい（図 11.3）．

1 サイクルの間に，熱機関が高温の熱源から受け取る熱量 Q_1 と，この間に熱機関が外にする仕事 W との比

$$\eta = \frac{W}{Q_1} = \frac{Q_1 - Q_2}{Q_1} \tag{11.3}$$

を**熱機関の効率**という．

第 2 種永久機関

(11.3) より，$Q_2 = 0$ のときは，熱機関の効率は $\eta = 1$ となる．そのような熱機関は，1 つの熱源から熱を受け取って，それをすべて仕事に変え，それ以外に何の効果も生じない熱機関である．もし，そのような熱機関が可能であれば，たとえば，海洋を航行する船舶は，海水から熱を受け取って，それを仕事に変えてスクリューを回すことができるので，燃料が要らなくなる．このような熱機関は**第 2 種永久機関**と呼ばれる（図 11.4）．第 2 種永久機関は，$Q = W$ なので熱力学の第 1 法則には矛盾しない．そのため，一見実現が可能のようにみえるが，後で述べるように熱力学の第 2 法則によれば，そのような熱機関は実現しないことが示される．

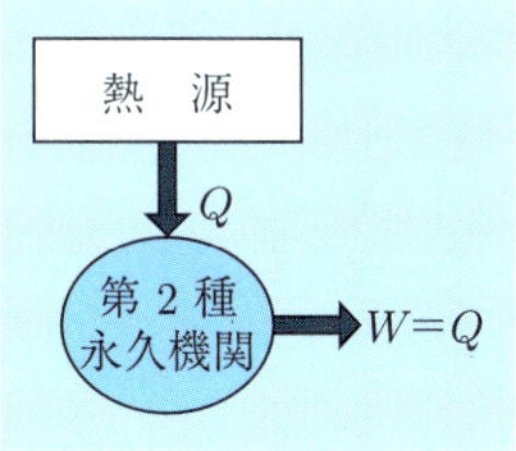

図 11.4　第 2 種永久機関

これに対して，外部から熱の供給を受けないですむ ($Q = 0$) ような装置は**第 1 種永久機関**と呼ばれる．しかし，熱力学の第 1 法則に反するため，そのような装置を実現することは不可能である．

図 11.5 の “おじぎ鳥” は一見第 1 種永久機関のようにみえることで有名なおもちゃである．鳥の前に水の入ったコップを置くと，外からエネルギーの供給を受けていないにもかかわらず，鳥は水を飲む動作を繰り返す．まさに，エネルギーの供給がなくても仕事を続ける第 1 種永久機関というわけである．しか

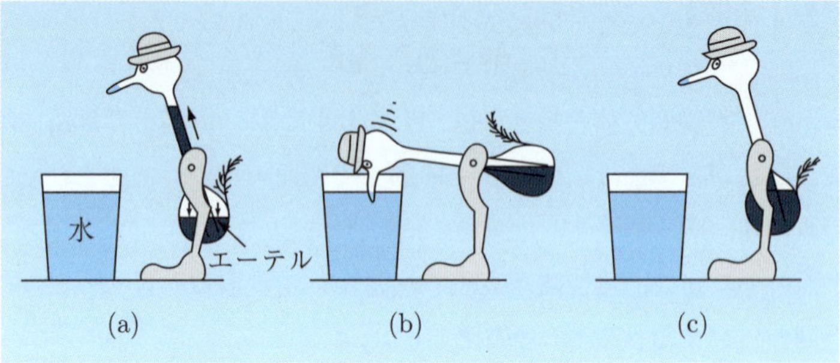

図 11.5　おじぎ鳥は永久機関？

(a) 下半身に入っているエーテルが室温で蒸発して圧力が生じ，体内のエーテルが首の部分に押し上げられる．上半身のエーテルは蒸発しない．フェルトで覆われた頭とくちばしの表面からの水の蒸発によって頭部が冷やされるためである．(b) 上半身のエーテルの量が増えてくると，鳥は前方に傾き，頭とくちばしをコップの水につける．(c) それと同時エーテルは下半身に集まり，鳥は元の姿に戻る．

し，この鳥の体内にはエーテルが入っていて，体内でのエーテルの蒸発と，フェルトで覆われたくちばしと頭からの水の蒸発とによって，このおじぎの動作は作動していて，その際，水の蒸発には熱が必要であり，その熱は大気から供給される．したがって，おじぎ鳥は残念ながら第 1 種永久機関ではない．

熱力学の第 2 法則

純粋に力学的な現象は可逆的であって，たとえば，振り子の錘は必ず元の位置に戻ってくる．すなわち，力学的現象では，運動エネルギーと位置エネルギーは互いに自由に変換され，それらの和は常に保存さている．しかし，これに熱エネルギーが加わると，現象は可逆的でなくなる．力学的エネルギーに熱エネルギーを含めても，エネルギーは保存される（熱力学の第 1 法則）が，力学的エネルギーと熱エネルギー相互の変換は完全に自由というわけではなく，熱から仕事への変換には制約がある．そのため，熱的な現象はすべて不可逆的であって，変化には方向性がある．熱力学の第 2 法則は，熱の関与したこのような変化の方向性を規定する基本法則である．この基本法則は，熱力学の立場では証明できない経験法則である．この法則をさらに理解するには，ミクロな立場，つまり統計力学の立場からの考察が必要になる．

熱力学の第 2 法則には，次の 2 通りの異なった形で表現されるが，内容はまったく同等である．

トムソンの原理

『ただ 1 つの熱源から熱をとり，それをすべて仕事に変えるだけで，他になんら変化を残さない過程は存在しない．』

これは，さらに次のように具体的な形で表現されることもある．

『第 2 種永久機関は存在しない．』

したがって，もし，トムソンの原理に反する過程が実現すれば，海水から熱をとって発電する発電所ができることになり，現代のエネルギー問題は解消してしまう．後の表現は**オストワルドの原理**と呼ばれることもある．

クラウジウスの原理

『低温の物体から熱を受け取り，それをすべて他の物体に移すだけで，他になんら変化を残さない過程は存在しない．』

温度の違う 2 つの物体を接触させておいても，低温の物体から高温の物体に熱が移動することはない．もし，このクラウジウスの原理に反する過程が実現すれば，たとえば，夏のクーラーや冬の暖房機は電力を消費せずにできることになり，やはりエネルギー問題は解消する．

11.2 カルノーサイクル

フランスの技術者カルノーは，熱機関の効率の限界を思考実験によって研究し，1824 年に，その研究を「火の動力およびこの動力を発生させるのに適したサイクルについての考察」と題して出版した．彼が，そこで考えたサイクルは，**カルノーサイクル**と呼ばれ，実用的な見地からだけでなく，理論的な面からもみてもきわめて重要なサイクルである．後で述べるように，この

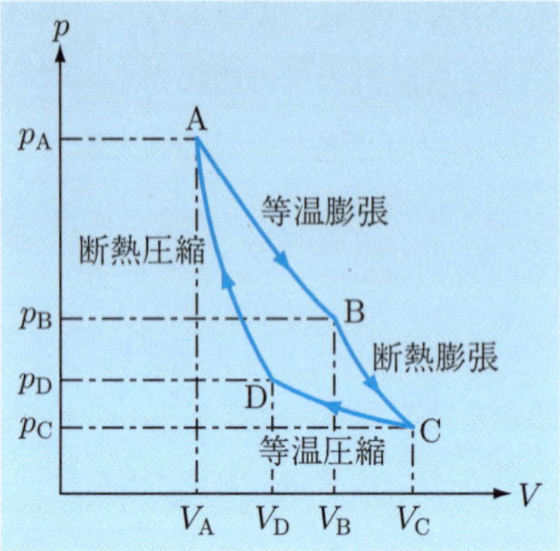

図 11.6　カルノーサイクルの $p-V$ 図

サイクルがすべての熱機関の効率の上限を定めており，また，このサイクルから**熱力学的絶対温度**が定義される．

カルノーサイクルは，作業物質として理想気体を用い，これを摩擦の無いピストンのついたシリンダーに入れて，高温熱源（温度 T_1）と低温熱源（温度 T_2）との間を，等温過程と断熱過程をそれぞれ 2 回行って元に戻る可逆サイクルである．$p-V$ 図で表すと図 11.6 のようになり，等温膨張（A → B 過程），断熱膨張（B → C 過程），等温圧縮（C → D 過程），断熱圧縮（D → A 過程）の 4 つの過程を経て 1 サイクルが完了する．図 11.7 には，気体に対するこれらの各過程を示されている．

2 つの熱源は十分大きく，熱の放出や吸収によって温度が変わらないとすると，各過程において，気体が吸収する熱量および気体がする仕事を計算することができる．以下では簡単のために，1 mol の理想気体についてそれらを求めてみよう．

①　A → B 過程：　$T = T_1$ の等温膨張過程

図 11.7(a) のように，この過程では，シリンダーを温度 T_1 の熱源に接触させながら気体を準静的に膨張させる．すなわち，気体は高温熱源から熱量 Q_1 を受け取って状態 $A(p_A, V_A, T_1)$ から状態 $B(p_B, V_B, T_1)$ へ変化する．この変化の状態方程式は

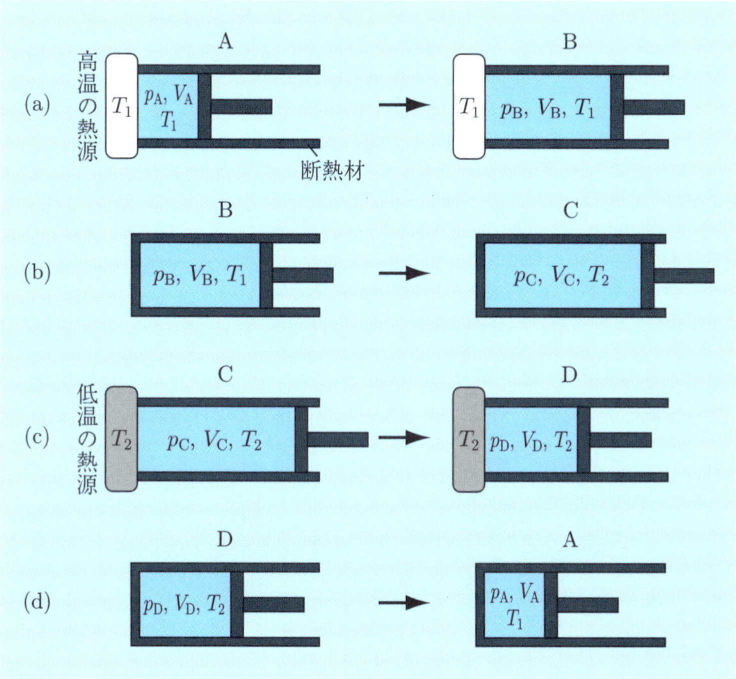

図 11.7 カルノーサイクルの 4 つの過程

$$pV = RT_1 \tag{11.4}$$

と表される．等温変化なので内部エネルギーの変化はなく，気体が外部へする仕事 W_{AB} は高温熱源から吸収する熱量 Q_1 と等しくなる．すなわち，

$$W_{AB} = Q_1 = \int_{V_A}^{V_B} pdV = \int_{V_A}^{V_B} \frac{RT_1}{V} dV = RT_1 \log \frac{V_B}{V_A} \tag{11.5}$$

$V_B > V_A$ であるから，この過程では気体は外に正の仕事をする．

② B → C 過程： 断熱膨張過程

図 11.7(b) のように，シリンダーを熱源から切り離し，気体を準静的に断熱膨張させて温度を T_2 まで下げる．この過程で気体の状態は $B(p_B, V_B, T_1)$ から $C(p_C, V_C, T_2)$ に変わる．断熱変化であるから熱の出入りはなく，熱力学の第 1 法則より，

$$U(T_2) - U(T_1) = -W_{\mathrm{BC}} \tag{11.6}$$

となる．これは (10.18) より，

$$W_{\mathrm{BC}} = c_V(T_1 - T_2) \tag{11.7}$$

と表される．

③　C → D 過程：　$T = T_2$ の等温圧縮過程

図 11.7(c) のように，今度はシリンダーを温度 $T_2(< T_1)$ の低温熱源に接触させながら，気体を準静的に圧縮する．気体は熱源へ熱量 Q_2 を放出し，状態 $\mathrm{C}(p_{\mathrm{C}}, V_{\mathrm{C}}, T_2)$ から状態 $\mathrm{D}(p_{\mathrm{D}}, V_{\mathrm{D}}, T_2)$ へ変化する．①の過程と同様に，気体が外へする仕事 W_{CD} と気体が吸収する熱量 $-Q_2$ は等しく，

$$W_{\mathrm{CD}} = -Q_2 = RT_2 \log \frac{V_{\mathrm{D}}}{V_{\mathrm{C}}} \tag{11.8}$$

となる．$V_{\mathrm{D}} < V_{\mathrm{C}}$ であるから，気体が外に負の仕事 W_{CD} をして，熱源に正の熱量 Q_2 を放出する．

④　D → A 過程：　断熱圧縮過程

図 11.7(d) のように，シリンダーを低温熱源から切り離して，温度が元の T_1 に戻るまで気体を準静的に断熱圧縮する．断熱変化であるからこの過程で熱の出入りはなく，気体が外になす仕事 W_{DA} は，②の過程と同様に

$$W_{\mathrm{DA}} = c_V(T_2 - T_1) = -W_{\mathrm{BC}} \tag{11.9}$$

となり，これは負の値をとる．

カルノーサイクルの効率

カルノーサイクルの 2 つの断熱変化のそれぞれの始端と終端に (10.39) を適用すると，

$$T_1 V_{\mathrm{B}}^{\gamma-1} = T_2 V_C^{\gamma-1}, \quad T_1 V_{\mathrm{A}}^{\gamma-1} = T_2 V_D^{\gamma-1}$$

となり，この 2 つの式から T_1, T_2 を消去すると，

$$\frac{V_\mathrm{B}}{V_\mathrm{A}} = \frac{V_\mathrm{C}}{V_\mathrm{D}} \tag{11.10}$$

の関係が得られる．

さて，このカルノーサイクルを1サイクル行う間に，気体が外へする仕事の総和 W は，上で求めた各過程において気体が外にする仕事の和を求めればよく，

$$\begin{aligned} W &= W_\mathrm{AB} + W_\mathrm{BC} + W_\mathrm{CD} + W_\mathrm{DA} \\ &= Q_1 - Q_2 = RT_1 \log \frac{V_\mathrm{B}}{V_\mathrm{A}} + RT_2 \log \frac{V_\mathrm{D}}{V_\mathrm{C}} \end{aligned}$$

となる．これは，さらに (11.10) を用いて書き直すと，

$$W = R(T_1 - T_2) \log \frac{V_\mathrm{B}}{V_\mathrm{A}} \tag{11.11}$$

となる．一方1サイクルの間に気体が吸収する熱量の総和 Q は

$$Q = Q_1 - Q_2 = W \tag{11.12}$$

となるが，これは熱力学の第1法則に他ならない．

カルノーサイクルの効率 η は，熱機関効率の定義 (11.3) に上の W および Q_1 を代入して，

$$\eta = \frac{W}{Q_1} = \frac{Q_1 - Q_2}{Q_1} \tag{11.13}$$

と得られる．これは (11.5) および (11.11) を用いると

$$\eta = \frac{Q_1 - Q_2}{Q_1} = \frac{T_1 - T_2}{T_1} \tag{11.14}$$

と表すこともできる．カルノーサイクルのように準静的過程を組み合わせたサイクルは，それぞれの過程を逆にたどらせることが可能である．このようなサイクルは**可逆サイクル**と呼ばれる．一般に可逆サイクルからなる熱機関の効率は (11.14) で与えられる．これからわかるように，可逆サイクルの効率は2つの熱源の絶対温度だけで決まる．

現実の熱機関はすべて不可逆であり，そのような不可逆サイクルの効率は，可逆サイクルの値 (11.14) よりは小さくなる．すなわち，任意の熱機関の効率 η は

$$\eta \leq \frac{T_1 - T_2}{T_1} \tag{11.15}$$

と書き表される．ただし，等号は可逆サイクルの場合にのみ成り立つ．したがって，(11.14) で与えられる可逆サイクルの効率は熱機関の効率の上限を与える（例題 11.1）．

逆サイクル（ヒートポンプ）

可逆サイクルを逆にたどると，作業物質は外から正の仕事 W をされ，低温熱源から熱量 Q_2 を受け取り，高温熱源に熱量 Q_1 を与えることができる．このサイクルは元のサイクル（**順サイクル**）に対して**逆サイクル**と呼ばれる（図 11.8）．また，熱源からの熱によって，外部へ仕事をするサイクルを熱機関というのに対して，このように外部からの仕事により低温の物体から高温の物体へ熱を移す作用をする装置（たとえば冷蔵庫やクーラー）を**ヒートポンプ**という．

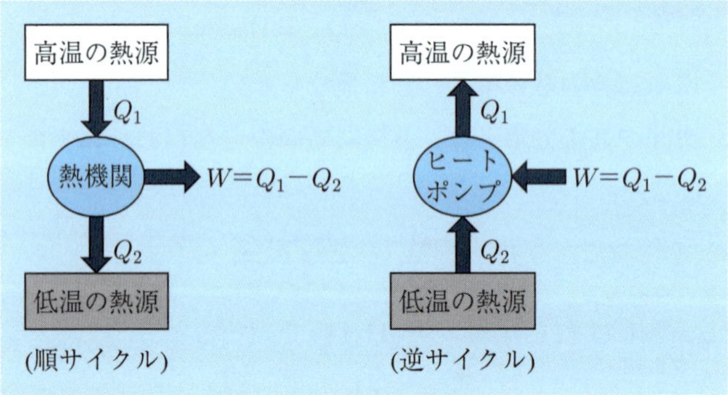

図 11.8　順サイクルと逆サイクル

熱力学的絶対温度

(11.5), (11.8) および (11.10) を用いると，カルノーサイクルの作業物質が温度 T_1 の高温熱源から受け取る熱量 Q_1 と，温度 T_2 の低温熱源へ放出する熱量 Q_2 との間には，

$$\frac{Q_1}{T_1} - \frac{Q_2}{T_2} = 0 \tag{11.16}$$

の関係式が成り立つことがわかる．すなわち，カルノーサイクルの熱量の比 Q_2/Q_1 は

$$\frac{Q_2}{Q_1} = \frac{T_2}{T_1} \tag{11.17}$$

で与えられる．(11.16) は**クラウジウスの式**と呼ばれ，すべての可逆サイクルに対して成り立ち，使用される作業物質にはよらない．

(11.17) は，熱量の比 Q_2/Q_1 が 2 つの熱源の温度のみに依存することを表しており，これを利用すると，物質の性質に独立な温度目盛が定義できることを示唆している．すなわち，基準の温度 T_0 の物体 S_0 と未知の温度 T の物体 S を 2 つの熱源として，それらの間でカルノーサイクルを行わせ，S_0 から受け取る熱量 Q_0 と S へ放出する熱量 Q を注意深く測定すればよい．未知の温度 T は

$$T = \frac{Q}{Q_0} T_0 \tag{11.18}$$

と目盛ることができる．このようにして定義された温度目盛を**熱力学的絶対温度目盛**あるいは**ケルビン温度目盛**という．国際単位系では T_0 として，水の三重点の温度 (273.16 K) が採用されている．

11.3 エントロピー

これまでみてきたように，熱力学では，系の熱力学的状態を記述するために "温度" と "内部エネルギー" という 2 つの状態量を用いてきた．これらは，熱力学の第 0 法則および第 1 法則に関係してそれぞれ導入された概念であった．ここでは，熱力学の第 2 法則に関係したもう 1 つの新しい状態量の導入について述べる．この新しい状態量は，それを最初に定義したクラウジウスによって**エントロピー**と名付けられている．

ここでは，クラウジウスが最初に定義したときと同じように，巨視的な熱力学的量としてエントロピーを定義しよう．ここであえて熱力学的と断わった理由は，熱力学の後に登場してきた統計力学の発展によって，エントロピーの統計力学的な解釈ができるようになったからである．

クラウジウスの式

前節で，可逆サイクルにおいては，温度 T_1 の高温熱源から受け取る熱量 Q_1 と，温度 T_2 の低温熱源へ放出する熱量 Q_2 の間には，クラウジウスの式 (11.16) が成り立つことを学んだ．このクラウジウスの式は，2 つの熱源の間

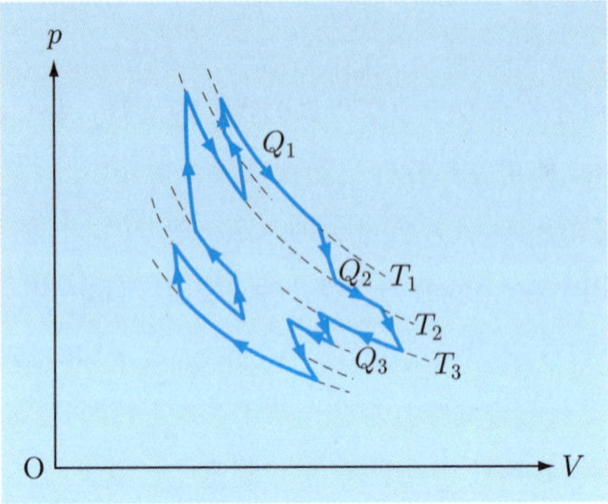

図 11.9　多数の等温過程と断熱過程からなるサイクル

にはたらく任意のサイクルの場合には，(11.15) から

$$\frac{Q_1}{T_1} - \frac{Q_2}{T_2} \leq 0 \tag{11.19}$$

と表される．ここで，等号はサイクルが可逆であるとき，不等号はサイクルが不可逆であるときに対応している．

(11.19) は，さらに任意のサイクルに拡張することができる．いま，ある系が温度 $T_1, T_2, \cdots$ の熱源に順次接しながら，その都度等温変化を行い，熱量 $Q_1, Q_2, \cdots$ を吸収する．また，等温変化から次の等温変化へは断熱変化によって移る．このようにして等温変化と断熱変化を繰り返しながら元に戻るサイクルを考えよう．このサイクルは，$p-V$ 図で表すと図 11.9 のようになり，多数のカルノーサイクルに分割して考えることができ，

$$\frac{Q_1}{T_1} + \frac{Q_2}{T_2} + \cdots + \frac{Q_N}{T_N} = \sum_{i=1}^{N} \frac{Q_i}{T_i} \leq 0 \tag{11.20}$$

が成り立つことが示される．ここでも等号はサイクルが可逆である場合にのみ成り立つ．(11.20) は**一般化されたクラウジウスの式**と呼ばれる．この式の証明はかなり長くなるのでここでは省略する．

エントロピー

クラウジウスは，(11.20) から，ある系（作業物質）が温度 T の熱源に接して熱量 Q を吸収する等温過程が可逆である場合には，Q/T という量が重

要な役割を果たしていると推論し，これを**エントロピー**と名付けた．すなわち，系が温度 T の熱源から熱量 Q を吸収して，状態 A から状態 B に準静的に変化するとき，系のエントロピー S が

$$\Delta S = S_{\mathrm{B}} - S_{\mathrm{A}} = \frac{Q}{T} \tag{11.21}$$

だけ変化するとしたのである．ここで注意しなければならないのは，(11.21) はエントロピー S そのものを定義しているのではなく，エントロピーの変化 ΔS を定義していることである．われわれは，すでに内部エネルギーを定義する際にも，同様に，内部エネルギー U そのものを定義するのではなく，熱力学の第 1 法則 (9.10)

$$\Delta U = U_{\mathrm{B}} - U_{\mathrm{A}} = Q - W$$

によって，内部エネルギーの変化 ΔU を定義した．したがって，エントロピーと内部エネルギーは互いに類似した状態量といえる．ただし，内部エネルギーの場合には，(9.10) は A から B への変化の仕方に無関係に成り立つのに対して，エントロピーの方は，(11.21) は A $\rightarrow$ B が可逆過程である場合しか成り立たない．

ところで，ある特定の可逆過程で起こるエントロピー変化を計算しようとする場合，一般には温度 T は一定ではなく，むしろ連続的に変化している．そのような場合には，過程を無限の微小部分（変化）に分割して，それぞれの微小変化で系が吸収する熱量を $d'Q$，そのときの温度を T として，すべての微小部分についてのエントロピー変化

$$dS = \frac{d'Q}{T} \tag{11.22}$$

の和をとればよい．ここで dQ でなく $d'Q$ としたのは，(11.22) が可逆過程においてのみ当てはまることを強調するためである．dS の和は積分で表されるから，状態 A および状態 B の間の任意の可逆過程におけるエントロピーの変化は

$$\Delta S = S_{\mathrm{B}} - S_{\mathrm{A}} = \int_{\mathrm{A}}^{\mathrm{B}} dS = \int_{\mathrm{A}}^{\mathrm{B}} \frac{d'Q}{T} \quad \text{（可逆過程）} \tag{11.23}$$

と書ける．(11.23) の積分の値は可逆過程であれば途中の経路によらない．

すなわち，

『系のエントロピー変化は，始状態と終状態の状態変数のみに依存する.』

このように，エントロピーに関係するのは始状態と終状態の状態変数だけである．したがって，任意の可逆サイクルに対しては，$\Delta S = 0$ となる．このことを式で表すと

$$\oint \frac{d'Q}{T} = 0 \tag{11.24}$$

となる．ここで，$\oint$ は閉曲線に沿って積分することを意味する．

可逆的断熱過程の場合は，外部との熱の受け渡しが一切ない ($d'Q = 0$) ので，(11.23) から $\Delta S = 0$ である．このように，可逆断熱変化はエントロピーの変化がないので，しばしば**等エントロピー変化**と呼ばれる．ただし，理想気体の断熱自由膨張のように，過程の途中で熱の出入りがまったくない ($dQ = 0$) 場合でも，過程が可逆的でなければエントロピーは変化（増大）する（次のエントロピー増大の原理の項を参照）.

再び，可逆過程の微小部分（変化）を考えよう．この微小変化の間に系が受け取る熱量を $d'Q$ は，系のエントロピーの増加を dS とし，そのときの系の温度を T で表すと，(11.22) より

$$d'Q = TdS \tag{11.25}$$

と書ける．また，このとき系がなす仕事 dW は，系の体積の増加分を dV とし，そのときの圧力を p で表すと，

$$dW = pdV \tag{11.26}$$

となる．したがって，これらを用いると熱力学の第 1 法則 (9.10) は

$$dU = TdS - pdV \tag{11.27}$$

のように，状態量だけで書き表すことができる．(11.27) は**熱力学の恒等式**と呼ばれる.

エントロピー増大の原理

不可逆サイクルの場合には，クラウジウスの不等式 (11.20) から (11.24) は

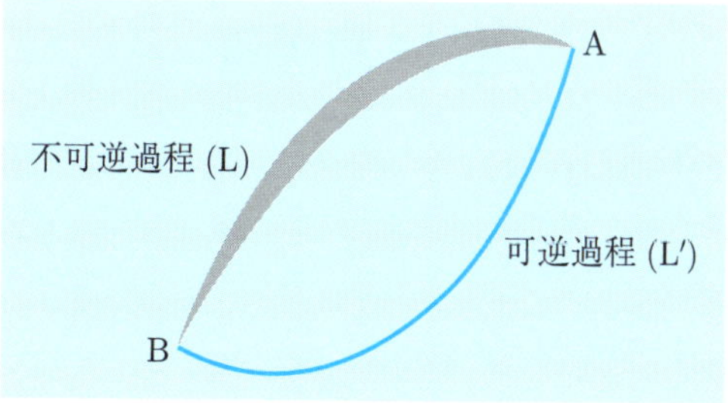

図 11.10 不可逆サイクル

$$\oint \frac{dQ}{T} < 0 \tag{11.28}$$

となる．ここで，dQ は不可逆過程の微小部分で系が吸収する熱量である．いま，図 11.10 のように，外部から孤立した系が，状態 B から不可逆過程 L によって状態 A に移り，その後は孤立状態をやめて，外部と熱の交換をしながら，元の状態 B へ可逆過程 L′ で戻る場合を考えよう．その場合は，(11.28) から，

$$\int_{\mathrm{B(L)}}^{\mathrm{A}} \frac{dQ}{T} + \int_{\mathrm{A(L')}}^{\mathrm{B}} \frac{d'Q}{T} = \int_{\mathrm{B(L)}}^{\mathrm{A}} \frac{dQ}{T} + S_{\mathrm{B}} - S_{\mathrm{A}} < 0 \tag{11.29}$$

となる．ここで，B → A の過程では孤立していて外部との熱の出入りはないので，右辺の第 1 項は 0 である．したがって，

$$S_{\mathrm{A}} > S_{\mathrm{B}} \qquad \text{（断熱的な不可逆）} \tag{11.30}$$

が成り立つ．すなわち，系が断熱的に不可逆変化を行う場合は，系のエントロピーは必ず増大することになる．現実に起こる変化はすべて不可逆であるから，(11.30) は

『孤立した系のエントロピーは必ず増大する．』

といい表される．これは**エントロピー増大原理**と呼ばれる． 孤立した系でも，断熱的な可逆変化を行う場合は，(11.23) からエントロピーは変化しない．エントロピー増大の原理は，不可逆変化が起こる方向性を規定している．

第 11 章例題

例題 11.1 　　**熱機関の効率**

温度 $T_1, T_2(T_1 > T_2)$ の 2 つの熱源の間ではたらく任意の熱機関の効率 η については，(11.15) が成り立つことを証明せよ．

解答 図 11.11 のように 2 つの熱源の間ではたらく 2 つのサイクル C, C$'$ を考えよう．C は任意のサイクル，C$'$ はカルノーサイクルであって，この 2 つの熱源の間で運転するとき，外へ W の仕事をするように設計されている．まず，C を順運転させて高温熱源から熱 Q_1 を受け取り，低温熱源へ熱 Q_2 を放出して外へ仕事 W をさせ，次に C$'$ を逆運転させて，低温熱源から熱 Q_2' を受け取り，外から仕事 W をされて，高温熱源に熱 Q_1' を放出させる場合を考えよう．2 つのサイクルを合わせたサイクル C + C$'$ は，サイクルが終了したとき，高温熱源から熱 $Q_1 - Q_1'$ の熱を受け取り，低温熱源へ熱 $Q_2 - Q_2'$ を放出し，外へ仕事をしない．このとき，クラウジウスの原理に反しないためには，

$$Q_1 - Q_1' = Q_2 - Q_2' \geq 0 \tag{11.31}$$

でなければならない．そこで，C の効率を η, C$'$ の効率を η_{C} とすると，(11.31) より，

$$\eta = \frac{Q_1 - Q_2}{Q_1} = \frac{Q_1' - Q_2'}{Q_1} \leq \frac{Q_1' - Q_2'}{Q_1'}$$
$$= \eta_{\mathrm{C}} = \frac{T_1 - T_2}{T_1}$$

となり (11.15) が導かれる．ただし，

$$Q_1', Q_2', Q_1, Q_2 > 0$$

である．

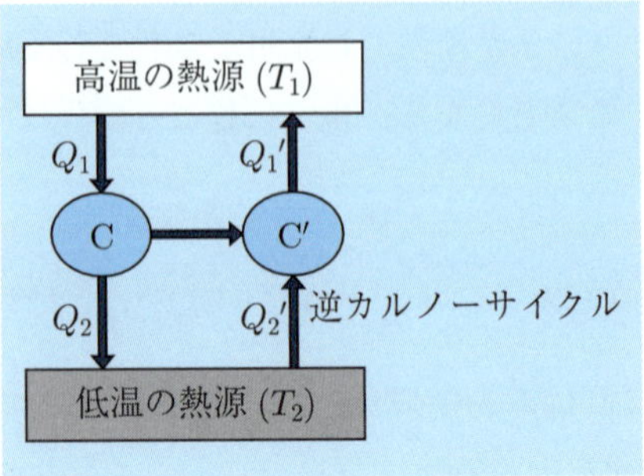

図 11.11

例題 11.2 **エントロピー変化 — 準静的可逆過程**

1 mol の理想気体が状態 $A(T_A, V_A)$ から状態 $B(T_B, V_B)$ まで準静的な可逆過程を行う場合のエントロピーの変化を計算せよ．

解答 準静的可逆過程の微小部分について，気体の圧力，体積，温度をそれぞれ p, V, T とし，この間の気体が吸収する熱量を $d'Q$，内部エネルギーの変化を dU，気体がする仕事を dW，気体の体積変化を dV，温度変化を dT とする．熱力学の第 1 法則から

$$d'Q = dU + dW \tag{11.32}$$

ここで，

$$dW = pdV, \quad dU = c_V dT, \quad p = \frac{RT}{V}$$

である．これを (11.32) に代入すると，

$$d'Q = dU + pdV = c_V dT + RT\frac{dV}{V} \tag{11.33}$$

となる．ここで，(11.33) の両辺を T で割ると，

$$\frac{d'Q}{T} = c_V \frac{dT}{T} + R\frac{dV}{V} \tag{11.34}$$

となる．そこで，この式の両辺を，状態 (T_A, V_A) から状態 $B(T_B, V_B)$ まで積分すると，

$$\Delta S = S_B - S_A = \int_A^B \frac{d'Q}{T} = c_V \int_{T_A}^{T_B} \frac{dT}{T} + R\int_{V_A}^{V_B} \frac{dV}{V} \tag{11.35}$$

となる．この積分を計算すると，ΔS は

$$\Delta S = S_B - S_A = c_V \log\frac{T_B}{T_A} + R\log\frac{V_B}{V_A} \tag{11.36}$$

と得られる．これからわかるように，この過程でのエントロピー変化 ΔS は，始状態 A と終状態 B のみによって決まり，この過程で気体が熱を吸収する場合は ΔS は正，放出する場合は負である．

例題 11.3　　　　**エントロピー変化 ― 融解過程**

融点が T_m（K）の物質がある．この物質の固相および液相における比熱はそれぞれ C_S（J/kg）と C_L（J/kg）であり，融解熱は L_m（J/kg）である．いま，この物質からなる m kg の物体の温度を T_1 から T_2 まで，ゆっくり上昇させた．このときに生ずるエントロピー変化 $\varDelta S$ を求めよ．ただし $T_1 < T_m < T_2$ ある．

解答　この過程は非常にゆっくり起きるので可逆過程であるとみなすことができるとしよう．また，T_m における融解過程では温度は一定であると考えてよい．そこで，温度 T_1 の状態を状態 A，温度 T_2 の状態を状態 B とすると，A から B まで温度上昇する間に生じる物体のエントロピー変化 $\varDelta S$ は (11.23) から，

$$\begin{aligned}\varDelta S = S_{\mathrm{B}} - S_{\mathrm{A}} &= \int_{\mathrm{A}}^{\mathrm{B}} \frac{d'Q}{T} \\ &= \int_{T_1}^{T_m} \frac{d'Q}{T} + \frac{1}{T_m}\int d'Q + \int_{T_m}^{T_2} \frac{d'Q}{T}\end{aligned} \tag{11.37}$$

と書ける．ただし，この過程で体積変化は無視できるものとする．したがって，微小な温度上昇 dT の間に物体に伝達される熱量 $d'Q$ は，それぞれの温度領域について，

$$T_1 \leq T \leq T_m: \qquad d'Q = mC_S dT$$
$$T_m \leq T \leq T_2: \qquad d'Q = mC_L dT$$

と表される．これを (11.37) の右辺に代入すると，$\varDelta S$ は

$$\begin{aligned}\varDelta S &= mC_S \int_{T_1}^{T_m} \frac{dT}{T} + \frac{mL_m}{T_m} + mC_L \int_{T_m}^{T_2} \frac{dT}{T} \\ &= mC_S \log\frac{T_m}{T_1} + \frac{mL_m}{T_m} + mC_L \log\frac{T_2}{T_m}\end{aligned}$$

と得られる．

第 11 章演習問題

[1] 摩擦をともなう過程は不可逆過程である．このことをトムソンの原理を用いて証明せよ．

[2] 熱伝導現象は不可逆過程である．このことをクラウジウスの原理を用いて証明せよ．

[3] クラウジウスの原理からトムソンの原理を導け．

[4] トムソンの原理からクラウジウスの原理を導け．

[5] 高温熱源から熱量 Q_1 を受け取り，低温熱源に熱量 Q_2 を放出する熱機関が，外に対して正の仕事をするとき，$Q_1 > Q_2 > 0$ であることを示せ．

[6] 1 g の氷の融解熱は 3.33×10^2 J である．いま，1 kg の氷が融解して 0°C の水になった．このときのエントロピーの変化を計算せよ．

[7] 1 kg の水を，0°C から 100°C まで温めるときのエントロピー変化を計算せよ．

[8] 20°C の水 200 g と 75°C の水 300 g を混合した．

(1) 混合された水の最終平衡温度はいくらか．

(2) この系のエントロピー変化を求めよ．

[9] 体積 V_{B} の断熱容器の中で，n mol の理想気体が分離壁によって体積 V_{A} の中に閉じ込められていて，容器の残りの空間は真空であるとする．分離壁が突然壊れて，気体は容器いっぱいに拡散した場合の変化を求めよ．（ヒント：この場合は不可逆過程変化なので，エントロピー変化の計算には，直接 (11.23) は使えない．しかし，エントロピー変化は始状態と終状態だけで決まることに注目して，同じ始状態と終状態を結ぶ可逆過程を想定して計算せよ．）

[10] 2 mol の理想気体が，初期の体積の 3 倍に自由膨張するとき，エントロピーはどれだけ変化するか．

演習問題解答

第1章

[1]

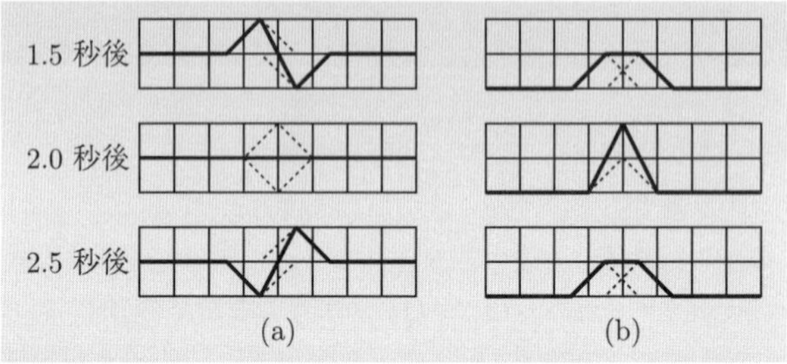

[2] 固定端のとき：　上下，左右が逆となる　　　自由端のとき：　左右だけが逆となる

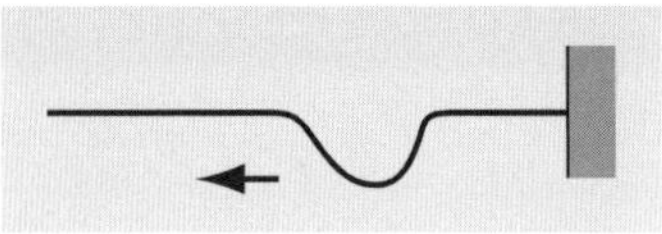

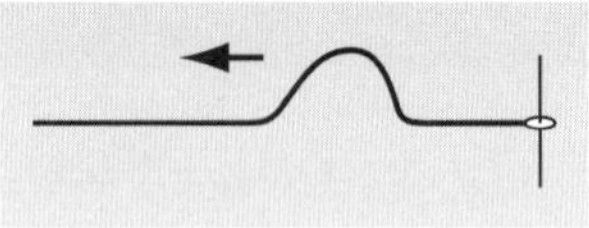

[3] 波がないときの媒質の密度を ρ_0 とすると，入射波が来たときの密度 ρ は，$\rho = \rho_0\left(1 - \dfrac{\partial y}{\partial x}\right) = \rho_0\{1 - ak\cos(kx - \omega t)\}$，固定端で反射した波の密度 ρ は，$\rho = \rho_0\{1 + ak\cos(-kx - \omega t)\} = \rho_0\{1 - ak\cos(kx + \omega t + \pi)\}$ となり，入射波の密度に対して位相は π ずれる．自由端で反射した波の密度 ρ は，$\rho = \rho_0\{1 - ak\cos(-kx - \omega t)\} = \rho_0\{1 - ak\cos(kx + \omega t)\}$ となり，入射波の密度に対して位相はずれない．

[4] 三角関数の和積の公式を用いて，$y_1 + y_2 = 2a\sin\left\{2\pi\dfrac{\lambda_1 + \lambda_2}{2\lambda_1\lambda_2}(x - vt)\right\}\cos\left\{2\pi\dfrac{\lambda_2 - \lambda_1}{2\lambda_1\lambda_2}(x - vt)\right\}$ が得られる．ここで $\lambda_1 = \lambda - \Delta\lambda$, $\lambda_2 = \lambda + \Delta\lambda$ とおき，$\Delta\lambda \ll \lambda$ とすると，上式は，

$$2a\sin\left\{2\pi\frac{\lambda}{\lambda^2 - \Delta\lambda^2}(x - vt)\right\}\cos\left\{2\pi\frac{\Delta\lambda}{\lambda^2 - \Delta\lambda^2}(x - vt)\right\}$$
$$\approx 2a\sin\left\{\frac{2\pi}{\lambda}(x - vt)\right\}\cos\left\{\frac{2\pi}{\lambda^2/\Delta\lambda}(x - vt)\right\}$$

と近似できる．

[5] $20^\circ\mathrm{C}$ のとき $880\,\mathrm{Hz}$ の固有振動数をもつパイプの $21^\circ\mathrm{C}$ のときの振動数 f' は，$f' = \dfrac{331.5 + 0.61 \times 21}{331.5 + 0.61 \times 20} \times 880 = 881.6\,\mathrm{Hz}$ である．したがって 1 秒間のうなりの回数は，$881.6 - 880 = 1.6$ 回．

[6] 管の長さが 10 倍となる．

第2章

[1] 海岸から遠ざかるほど，海は深くなるから波の速さも大きくなる．そこで，最初波面が図の AB にあったとすると，沖にある点 A から出た素元波の速さ v_A 方が点 B から出た素元波の速さ v_B よりも大きい．したがって，Δt 後の波面は，図の CD ようになり，少し海岸線と平行な方向に近づく．このようにして，波は進むにつれて海岸線に平行になっていく．

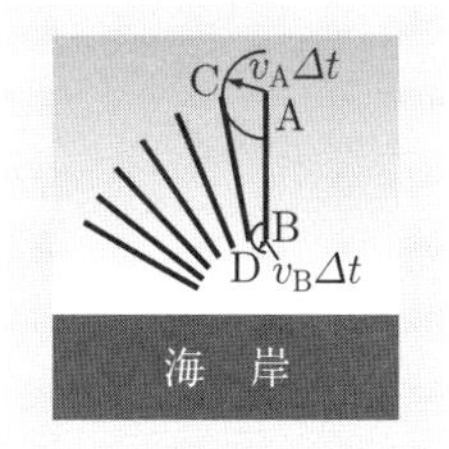

[2] 媒質 1, 2 での波の速さを v_1，v_2 とすると，$n_{12}=\dfrac{v_1}{v_2}$，$n_{21}=\dfrac{v_2}{v_1}$ と表される．したがって，

$$n_{21}=\frac{1}{n_{12}}=\frac{\sin\theta_2}{\sin\theta_1}$$

[3] このときの屈折率を n_{12} とすると，$n_{12}=\dfrac{\sin\theta_1}{\sin\theta_2}$ である．媒質 2 に侵入するためには，$\theta_2<90^\circ$ でなければならないので，$\sin\theta_1<n_{12}$（$\therefore\ \theta_1<\arcsin(n_{12})$）となる．

[4] 領域 1, 2 での水深を h_1，h_2，波の速さを v_1，v_2 とすると，このときの屈折率 n_{12} は，

$n_{12}=\dfrac{v_1}{v_2}=\sqrt{\dfrac{h_1}{h_2}}=\sqrt{\dfrac{8\,\mathrm{cm}}{5\,\mathrm{cm}}}=1.265$ となるので，屈折角を θ とすると，

$$n_{12}=\frac{\sin 40^\circ}{\sin\theta}\qquad\therefore\quad \sin\theta=\frac{\sin 40^\circ}{n_{12}}=\frac{0.6428}{1.265}=0.5081,\ \therefore\quad \theta=30.5^\circ$$

[5] 波源 S から速さ v で出た波の波面が時間 t の後に図 (a) に示す位置まで進んだとする．このとき，すでに AB 間の各点 P からは 2 次波が生じている．この 2 次波の波面の半径 r は，SP 間の距離を l とすると，$r=vt-l$ で与えられる．これは壁がないときに生じる 2 次波の半径に等しい．したがって，反射波の波面は，図 (b) のように，壁がないときの波面を壁のところで折り返した形となる．

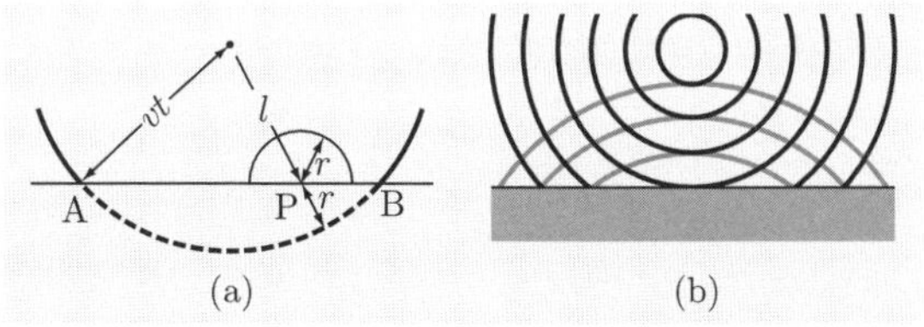

(a)　(b)

[6] S の位置にあった波源が時間 t 後に S′ に到達するとする．このとき，S で発生した波の波面は，半径 vt の球面状に広がる．S′ を通るこの球面の接線の接点を P とすると，直線 PS′ と SS′ のなす角 θ は常に一定である．したがって波源が S′ に達したとき，SS′ 間の各点で発生した波の波面は，すべて直線 PS′ に接する．つまり直線 PS′ が波面となるので，波面全体の形は波源を頂点とする円錐状になる．

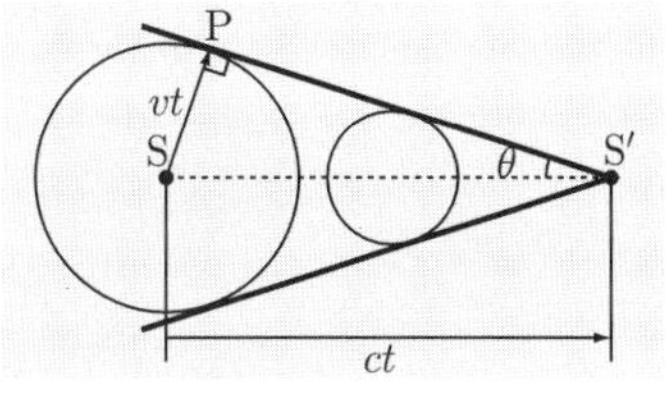

第3章

[1] $v = CT^x\sigma^y$ とおくと，次元方程式は，$[LT^{-1}] = [MLT^{-2}]^x[ML^{-1}]^y$ となる．これより，$x + y = 0$，$x - y = 1$，$-2x = -1$ ($\therefore x = 1/2$，$y = -1/2$) これをもとの式に代入すれば，$v = C\sqrt{\dfrac{T}{\sigma}}$が得られる．

[2] (1) $1.4\,\mathrm{m} \times 66\,\mathrm{s}^{-1} = 92.4\,\mathrm{m/s}$

(2) $1.4 \times 10^{-2}\,\mathrm{kg/m} \times (92.4\,\mathrm{m/s})^2 = 120\,\mathrm{N}$

[3] $1.0 \times 10^{-2}\,\mathrm{kg/m} \times (500\,\mathrm{m/s})^2 = 2.5 \times 10^3\,\mathrm{N}$

[4] $\sqrt{\dfrac{200\,\mathrm{N}}{0.1\,\mathrm{kg}/5\,\mathrm{m}}} = 100\,\mathrm{m/s}$ [5] $\sqrt{\dfrac{2 \times 10^{11}\,\mathrm{Pa}}{7.9 \times 10^3\,\mathrm{kg/m^3}}} = 5.0 \times 10^3\,\mathrm{m/s}$

[6] (1) $\sqrt{\dfrac{0.22 \times 10^{10}\,\mathrm{Pa}}{1 \times 10^3\,\mathrm{kg/m^3}}} = 1.48 \times 10^3\,\mathrm{m/s} \approx 1.5 \times 10^3\,\mathrm{m/s}$

(2) $1.48 \times 10^3\,\mathrm{m/s} \div 400\,\mathrm{s}^{-1} = 3.7\,\mathrm{m}$

[7] θ を x あるいは t で 2 回微分すると，

$$\begin{aligned}\frac{\partial^2\theta}{\partial x^2} &= \frac{\partial}{\partial x}A\{-ke^{-kx}\sin(\omega t - kx) - ke^{-kx}\cos(\omega t - kx)\}\\ &= 2Ak^2e^{-kx}\cos(\omega t - kx)\\ \frac{\partial^2\theta}{\partial t^2} &= \frac{\partial}{\partial t}A\{e^{-kx}\omega\cos(\omega t - kx)\} = -A\omega^2e^{-kx}\sin(\omega t - kx)\end{aligned}$$

となり，波動方程式 (3.2) を満たさないことがわかる．

[8] 棒の断面にはたらく力 F は，$F = -AES\dfrac{\partial y}{\partial x} = -AES\dfrac{2\pi}{\lambda}\cos\left\{\dfrac{2\pi}{\lambda}(x - vt)\right\}$ で与えられる．また，微小時間 dt での変位 dy は，$dy = \dfrac{\partial y}{\partial t}dt = -\dfrac{2\pi v}{\lambda}A\cos\left\{\dfrac{2\pi}{\lambda}(x - vt)\right\}dt$ となるので，この間にする仕事 dW は，$dW = Fdy = A^2ESv\left(\dfrac{2\pi}{\lambda}\right)^2\cos^2\left\{\dfrac{2\pi}{\lambda}(x - vt)\right\}dt$ である．周期は $\dfrac{\lambda}{v}$ なので，単位時間にする仕事 W は，$W = \dfrac{v}{\lambda}\displaystyle\int_0^{\frac{\lambda}{v}}dW\,dt = \dfrac{1}{2}A^2ESv\left(\dfrac{2\pi}{\lambda}\right)^2$ であたえられる．ここで，$\lambda = 2\pi v/\omega$，$v = \sqrt{\dfrac{E}{\rho}}$ の関係を用いると，$W = \dfrac{1}{2}A^2\rho S\omega^2v$ が得られる．

[9] この棒の断面積 S，この波の角周波数 ω，速さ v は，それぞれ $S = 3.14 \times (3 \times 10^{-3}\,\mathrm{m})^2 = 2.83 \times 10^{-5}\,\mathrm{m^2}$，$\omega = 2 \times 3.14 \times 1500\,\mathrm{s}^{-1} = 9.42 \times 10^3\,\mathrm{s}^{-1}$，$v = \sqrt{\dfrac{2 \times 10^{11}\,\mathrm{Pa}}{7.9 \times 10^3\,\mathrm{kg/m^3}}} = 5.03 \times 10^3\,\mathrm{m/s}$，であたえられるので，振幅は，

$$\begin{aligned}v &= \frac{1}{9.42 \times 10^3\,\mathrm{s}^{-1}}\sqrt{\frac{2 \times 20\,\mathrm{W}}{7.9 \times 10^3\,\mathrm{kg/m^3} \times 2.83 \times 10^{-5}\,\mathrm{m^2} \times 5.03 \times 10^3\,\mathrm{m/s}}}\\ &= 2.0 \times 10^{-5}\,\mathrm{m}\end{aligned}$$

となる．

第4章

［1］ $\dfrac{331.5 + 0.61 \times 25}{331.5 + 0.61 \times 20} = 1.0089$

［2］ 窓を開けているときの音圧を p とすると，音圧レベル L は，$L = 20\log_{10}\dfrac{p}{p_0}$ だから，音圧が $\dfrac{1}{2}$ になったときの音圧レベル L' は，$L' = 20\log_{10}\dfrac{p/2}{p_0} = 20\log_{10}\dfrac{p}{p_0} - 20\log_{10}2 = L - 6$ となり，6 dB 小さくなることがわかる．

［3］ 63 Hz $\cdots$ 22 phon，　1,000 Hz $\cdots$ 60 phon，　8,000 Hz $\cdots$ 47 phon

［4］ $20,000\,\text{Hz} = 20\,\text{Hz} \times 2^x$　　$\therefore$　$x = \log_2 1000 = 9.97$　　10 オクターブ上

［5］ 隣り合った高さの音の周波数比を x とすると，$880\,\text{Hz} = 440\,\text{Hz} \times x^{12}$（$\therefore x = 2^{1/12} = 1.0595$）したがって，それぞれの音の周波数は下記の表のようになる．

440	466	494	523	554	587	622	659	698	740	784	831	880

（Hz）

［6］ (1)　$\dfrac{340\,\text{m/s} + 20\,\text{m/s}}{340\,\text{m/s}} \times 440\,\text{Hz} = 466\,\text{Hz}$

(2)　$\dfrac{340\,\text{m/s}}{340\,\text{m/s} - 20\,\text{m/s}} \times 440\,\text{Hz} = 468\,\text{Hz}$

［7］ 例題 4.3(2) と同じ状況なので，ボールの速度を v とすると，$\dfrac{340\,\text{m/s} - 25\,\text{m/s}}{340\,\text{m/s} - 35\,\text{m/s}} \times 1200\,\text{Hz} = 1239\,\text{Hz}$ なので，$\dfrac{2v}{3 \times 10^8\,\text{m/s} - v} \times 9 \times 10^9\,\text{Hz} = 2500\,\text{Hz}$（$\therefore v = 42\,\text{m/s}$）．

［8］ $\dfrac{2 \times 0.03\,\text{m/s}}{1500\,\text{m/s} - 0.03\,\text{m/s}} \times 1 \times 10^6\,\text{Hz} = 40\,\text{Hz}$

［9］ 追い越す前：　$\dfrac{340\,\text{m/s} - 25\,\text{m/s}}{340\,\text{m/s} - 35\,\text{m/s}} \times 1200\,\text{Hz} = 1239\,\text{Hz}$

追い越した後：　$\dfrac{340\,\text{m/s} + 25\,\text{m/s}}{340\,\text{m/s} + 35\,\text{m/s}} \times 1200\,\text{Hz} = 1168\,\text{Hz}$

第5章

［1］ (1) 波　(2) 波　(3) 粒　(4) 波　(5) 粒　(6) 粒　(7) 波　(8) 波

［2］ (1) $\theta_C = \arcsin\left(\dfrac{n_2}{n_1}\right)$　(2) 48.6°

［3］ 高度が大きくなるほど空気の密度は小さくなるので，上空に行くにつれて屈折率も小さくなる．したがって，日没直前の太陽からの光は図のように連続的に屈折するので，実際よりも高く見える．

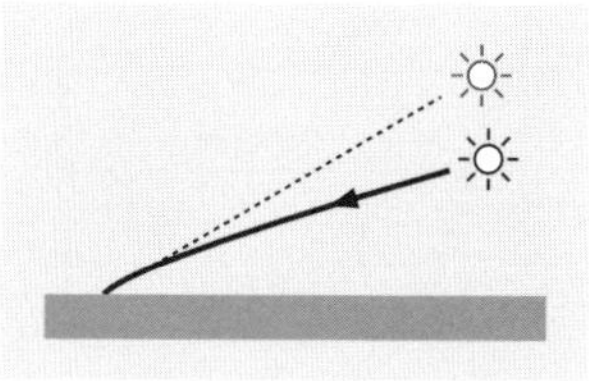

第6章

[1] 入射角を α，屈折角を r とすると，図より，

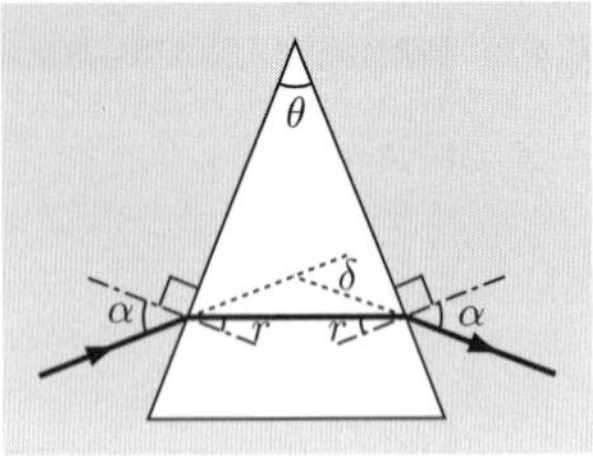

$$\delta = 2(\alpha - r)$$

となることがわかる．また，

$$r = 90^\circ - \left(90^\circ - \frac{\theta}{2}\right) = \frac{\theta}{2}$$

であるので，

$$\alpha = \frac{\delta + \theta}{2}$$

となる．したがって，屈折率 n は，

$$n = \frac{\sin\{(\delta + \theta)/2)\}}{\sin(\theta/2)}$$

と求められる．

[2] 図のように，C を中心とする半径 R の凹面鏡の光軸上の点 A から出た光が，鏡面上の点 P で反射されて光軸上 B の点に進む場合を考える．a, b, h, x を図のように定めると，光学距離 l は，

$$\begin{aligned} l &= \sqrt{h^2 + (a-x)^2} + \sqrt{h^2 + (b-x)^2} \\ &= \sqrt{(2R-x)x + (a-x)^2} + \sqrt{(2R-x)x + (b-x)^2} \\ &= \sqrt{a^2 - 2(a-R)x} + \sqrt{b^2 - 2(b-R)x} \\ &\approx a\left\{1 - \frac{(a-R)x}{a^2}\right\} + b\left\{1 - \frac{(b-R)x}{b^2}\right\} = (a+b) - \left(2 - \frac{R}{a} - \frac{R}{b}\right)x \end{aligned}$$

となる．したがって，l が極小となる条件は，$\dfrac{dl}{dx} = -2 + \dfrac{R}{a} + \dfrac{R}{b} = 0 \left(\therefore \dfrac{1}{a} + \dfrac{1}{b} = \dfrac{2}{R}\right)$．
これは x を含んでいないから，A から出た近軸光線はすべて B 点を通る．

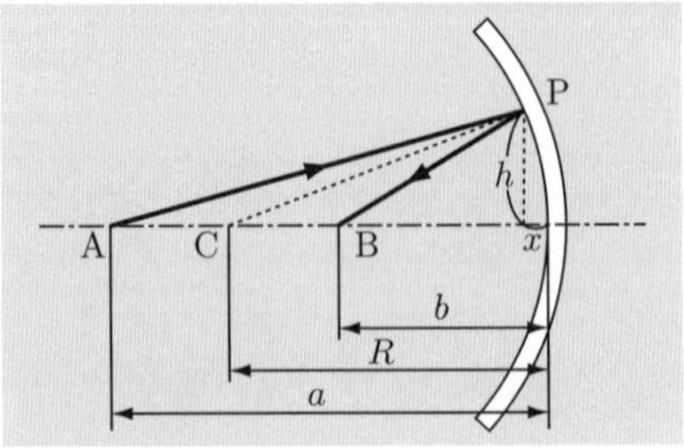

[3] 図からわかるように，身長の半分，すなわち 85 cm 以上あれば良い．

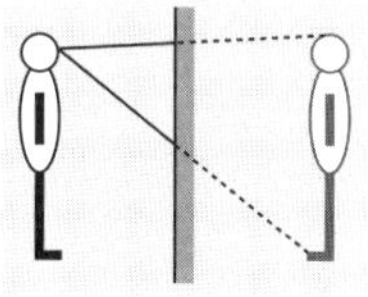

[4] (1) 光線が空気からガラスに進むときの屈折角を r，ガラスから空気へ進むときの入射角を r'，屈折角を θ' とすると，$\dfrac{\sin\theta}{\sin r} = n,\ \dfrac{\sin r'}{\sin\theta'} = \dfrac{1}{n}$ となる．この場合は平行平板なので r' と r は等しいため $\theta' = \theta$ となり，入射光線と透過光線は平行になる．

(2) 図の直角三角形 ABC を考える．

$$
\begin{aligned}
\Delta &= \mathrm{BC} = \mathrm{AB}\sin(\theta - r)\\
&= \frac{d}{\cos r}(\sin\theta\cos r - \cos\theta\sin r)\\
&= d\left(\sin\theta - \cos\theta\cdot\frac{\sin\theta}{n}\cdot\frac{n}{\sqrt{n^2-\sin^2\theta}}\right)\\
&= d\left(1 - \frac{\cos\theta}{\sqrt{n^2-\sin^2\theta}}\right)\sin\theta
\end{aligned}
$$

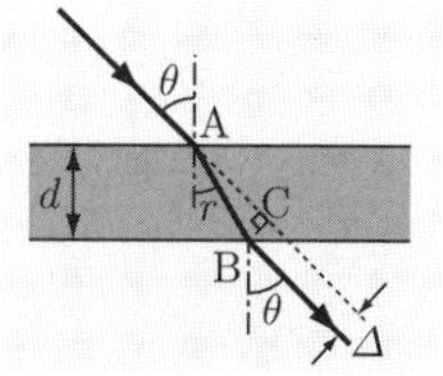

[5] 鏡で 1 回反射した光線による像が，それぞれの鏡に対称な点にできる．またこれらの像の，もう片方の鏡による像が，この鏡に対称な点にできる．2 つの鏡で順次反射した光線によるこれら 2 つの像は，図のように重なるので，像は計 3 つできることになる．

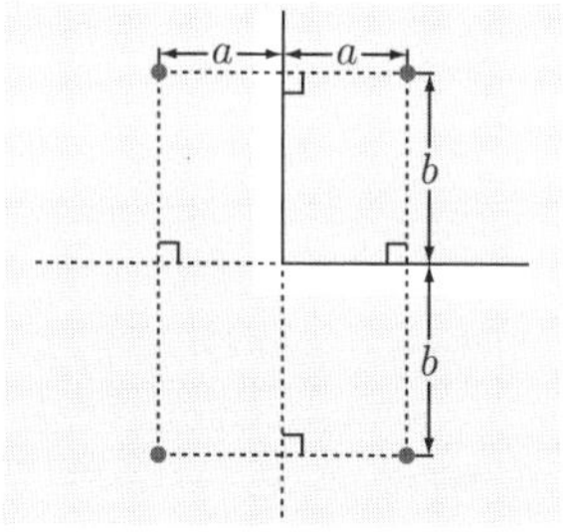

[6] 30.9 m^2 [7] 7.2 cm の深さに，直径 5.5 mm の大きさでみえる．

[8] 凸レンズ： (1) ①後方 24 cm ②1.0 cm ③実像・倒立

(2) ①前方 12 cm ②2.0 cm ③虚像・正立

凹レンズ： (1) ①前方 8.0 cm ②0.33 cm ③虚像・正立

(2) ①前方 4.0 cm ②0.67 cm ③虚像・正立

[9]

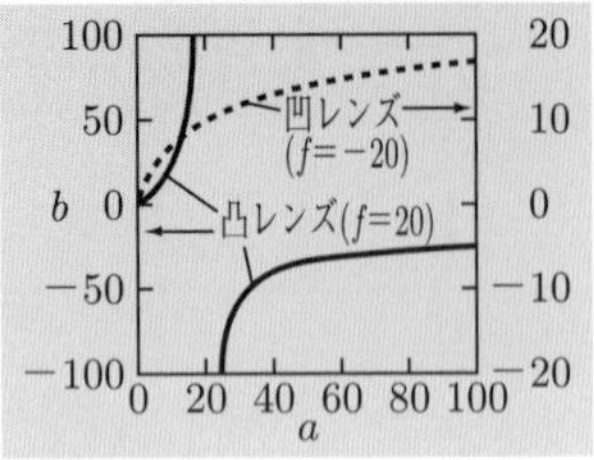

第7章

[1]　$\dfrac{6.3\times10^{-7}\,\mathrm{m}\times3\,\mathrm{m}}{3.7\times10^{-3}\,\mathrm{m}}=5.1\times10^{-4}\,\mathrm{m}$

[2]　$\dfrac{5.9\times10^{-7}\,\mathrm{m}\times1\,\mathrm{m}}{1\times10^{-3}\,\mathrm{m}}=5.9\times10^{-4}\,\mathrm{m}$

[3]　$\dfrac{0.5\times10^{-3}\,\mathrm{m}\times2\times10^{-3}\,\mathrm{m}}{2\,\mathrm{m}}=5.0\times10^{-7}\,\mathrm{m}$　　[4]　3.0 mm 間隔の縞

[5]　屈折角を r とすると，$\sin r=\dfrac{\sin 45^\circ}{1.33}=0.532$（$\therefore \cos r=0.847$）となるので，膜厚は，$\dfrac{6.5\times10^{-7}\,\mathrm{m}}{2\times1.33\times0.847}m=2.89m\times10^{-7}\,\mathrm{m}$（$m=1,2,3\cdots$）.

[6]　打ち消し合うときの屈折角を r とすると，$\cos r=\dfrac{5.89\times10^{-7}\,\mathrm{m}}{2\times1.5\times2.2\times10^{-7}\,\mathrm{m}}=0.892$（$\therefore \sin r=0.451$）．よって，入射角は，$\arcsin(1.5\times0.451)=42.6^\circ$.

[7]　$\dfrac{(3\times10^{-3}\,\mathrm{m})^2}{9.5\times6\times10^{-7}\,\mathrm{m}}=1.58\,\mathrm{m}$　　[8]　$\dfrac{2\times2\,\mathrm{m}\times6.33\times10^{-7}\,\mathrm{m}}{0.1\times10^{-3}\,\mathrm{m}}=2.53\,\mathrm{cm}$

[9]　(1)　$\dfrac{6.33\times10^{-7}\,\mathrm{m}}{\sin 23.3^\circ}=1.60\times10^{-6}\,\mathrm{m}$

(2)　$\arcsin\left(\dfrac{2\times6.33\times10^{-7}\,\mathrm{m}}{1.6\times10^{-6}\,\mathrm{m}}\right)=52.3^\circ$

(3)　$\arcsin\left(\dfrac{4.88\times10^{-7}\,\mathrm{m}}{1.6\times10^{-6}\,\mathrm{m}}m\right)=0^\circ,\quad 17.8^\circ,\quad 37.6^\circ,\quad 66.2^\circ$

第8章

[1]　$\dfrac{1\,\mathrm{mol}\times8.314\,\mathrm{J/K\cdot mol}\times273.15\,\mathrm{K}}{1.013\times10^5\,\mathrm{Pa}}=2.24\times10^{-2}\,\mathrm{m}^3$

[2]　$\dfrac{-1/1.784\,\mathrm{mg\cdot cm^{-3}}}{1/1.306\,\mathrm{mg\cdot cm^{-3}}-1/1.784\,\mathrm{mg\cdot cm^{-3}}}\times100\,^\circ\mathrm{C}=-273.2^\circ\mathrm{C}$

[3]　$\dfrac{1.013\times10^5\,\mathrm{Pa}\times39.9\,\mathrm{g}\div(1.784\times10^3\,\mathrm{g/m^3})}{1\,\mathrm{mol}\times273.15\,\mathrm{K}}=8.29\,\mathrm{J/mol{\cdot}K}$

[4]　$1.013\times10^5\,\mathrm{Pa}\times\dfrac{473\,\mathrm{K}}{300\,\mathrm{K}}=1.60\times10^5\,\mathrm{Pa}$

[5]　$\dfrac{400\,\mathrm{g}\times4.19\,\mathrm{J/g\cdot K}\times(22.4\,^\circ\mathrm{C}-20\,^\circ\mathrm{C})}{50\,\mathrm{g}\times(200\,^\circ\mathrm{C}-22.4\,^\circ\mathrm{C})}=0.45\,\mathrm{J/g{\cdot}K}$

[6]　$50\,\mathrm{g}\times0.9\,\mathrm{J/g\cdot K}\times(660\,^\circ\mathrm{C}-25\,^\circ\mathrm{C})+50\,\mathrm{g}\times396\,\mathrm{J/g}=4.8\times10^4\,\mathrm{J}$

[7] $\beta = \dfrac{1}{V}\dfrac{dV}{dT} = \dfrac{p}{nRT}\cdot\dfrac{d}{dT}\left(\dfrac{nRT}{p}\right) = \dfrac{1}{T}$,　$\beta_{20^\circ\mathrm{C}} = 3.4\times10^{-3}\,\mathrm{K}^{-1}$

[8] $I(t) = I_0(1+2\alpha t)$

[9] $2\times\sqrt{\dfrac{(1.8\times10^{-4}\,\mathrm{K} - 9\times10^{-6}\,\mathrm{K}\times3)\times0.6\,\mathrm{cm}^3\times100\,\mathrm{K}}{3.14\times16\,\mathrm{cm}}} = 0.27\,\mathrm{mm}$

第9章

[1] (1) $5\,\mathrm{mol}\times8.31\,\mathrm{J/mol\cdot K}\times400\,\mathrm{K}\times\log4 = 2.3\times10^4\,\mathrm{J}$　(2) $2.3\times10^4\,\mathrm{J}$

[2] $\dfrac{1\,\mathrm{kg}\times9.8\,\mathrm{m/s^2}\times97\,\mathrm{m}}{1000\,\mathrm{g}\times4.2\,\mathrm{J/g\cdot K}} = 0.23\,\mathrm{K}$

[3] (1) $2.26\times10^3\,\mathrm{J/g}\times2\,\mathrm{g} = 4.5\times10^3\,\mathrm{J}$

(2) $1.013\times10^5\,\mathrm{Pa}\times3.3\times10^{-3}\,\mathrm{m}^3 = 3.3\times10^2\,\mathrm{J}$

(3) $4.5\times10^3\,\mathrm{J} - 3.3\times10^2\,\mathrm{J} = 4.2\times10^3\,\mathrm{J}$

[4] (1) $10\times1.013\times10^5\,\mathrm{Pa}\times10^{-3}\,\mathrm{m}^3 = 1.013\times10^3\,\mathrm{J}$　(2) $20^\circ\mathrm{C}$

(3) $1.013\times10^3\,\mathrm{J}\times\log10^3 = 7.0\times10^3\,\mathrm{J}$

[5] $(p_2-p_1)(V_2-V_1)$　[6] $\dfrac{10\,\mathrm{W}\times4\times10^{-2}\,\mathrm{m}}{1.2\,\mathrm{m}^2\times15\,\mathrm{K}} = 2.2\times10^{-2}\,\mathrm{W/m\cdot K}$

第10章

[1] $\dfrac{1\,\mathrm{mol}\times8.314\,\mathrm{J/K\cdot mol}\times273\,\mathrm{K}}{1.013\times10^5\,\mathrm{Pa}} = 2.24\times10^{-2}\,\mathrm{m}^3$

[2] $1350\,\mathrm{m/s}\times\sqrt{\dfrac{4}{32}} = 477\,\mathrm{m/s}$

[3] He：$\dfrac{3}{2}\times1.38\times10^{-23}\,\mathrm{J/K}\times473\,\mathrm{K} = 9.8\times10^{-21}\,\mathrm{J}$,　Ar：$9.8\times10^{-21}\,\mathrm{J}$

[4] $\dfrac{3}{2}kT = \dfrac{3}{2}\cdot\dfrac{R}{N_A}\cdot\dfrac{pV}{nR} = \dfrac{3\times8\times1.013\times10^5\,\mathrm{Pa}\times10^{-2}\,\mathrm{m}^3}{2\times6.0\times10^{23}\,\mathrm{mol}^{-1}\times4\,\mathrm{mol}} = 5.1\times10^{-21}\,\mathrm{J}$

[5] $5\,\mathrm{mol}\times\dfrac{3}{2}\times8.314\,\mathrm{J}\ /\ \mathrm{K\cdot mol}\times5\,\mathrm{K} = 3.1\times10^2\,\mathrm{J}$

[6] $273\,\mathrm{K}\times100^{1.4-1} = 1.72\times10^3\,\mathrm{K} = 1.4\times10^{3\circ}\mathrm{C}$

[7] (1) $TV^{\gamma-1} = \dfrac{T}{3}V'^{\gamma-1}$　$\therefore$　$\dfrac{V'}{V} = 3^{1/0.4} = 15.6$　$\therefore$ 16 倍

(2) $\dfrac{p'}{p} = \dfrac{VT'}{V'T} = \dfrac{1}{15.6\times3} = 0.0213$　$\therefore$ 0.021 倍

[8] $\dfrac{(3/2)\times8.314\,\mathrm{J/mol\cdot K}}{0.149\,\mathrm{kcal/kg}\times4190\,\mathrm{J/kcal}\times6\times10^{23}\,\mathrm{mol}^{-1}} = 3.3\times10^{-26}\,\mathrm{kg}$

[9] 等温変化：　V に反比例　　断熱変化：　V^γ に反比例

[10] $\dfrac{p(n-1)V}{c_p(n-1)T} = \dfrac{RT}{c_pT} = \dfrac{c_p-c_v}{c_p} = 1-\dfrac{1}{\gamma} = 0.29$　$\therefore$ 29%

第11章

[1] もし摩擦をともなう過程が可逆過程とすると，摩擦によって発生した熱をすべて仕事に変えて，他に変化を残さないことができることになる．これはトムソンの原理に反する．よって，摩擦をともなう過程は不可逆．

[2] もし熱伝導現象が可逆過程とすると，低温の物体から高温の物体に熱を移動するだけで他に

変化を残さないことができることになる．これはクラウジウスの原理に反する．よって熱伝導現象は不可逆過程．

[3] もしクラウジウスの原理が成り立たないとすると，熱機関が低温熱源に与えた熱を高温熱源に移し，他に変化を残さないことができる．つまり熱機関が高温熱源から受け取った熱をすべて仕事に変えることができることになる．これはトムソンの原理に反する．よってクラウジウスの原理が成り立つ．

[4] もしトムソンの原理が成り立たないとすると，低温の物体から熱を取ってそれをすべて仕事に変えることができる．この仕事を用いて発生させた熱を高温の物体に熱を与えれば，低温の物体から高温の物体に熱を移動するだけで他に変化を残さないことができることになる．これはクラウジウスの原理に反する．よってトムソンの原理が成り立つ．

[5] 熱機関のする仕事を W とすると，熱力学の第 1 法則より，$W = Q_1 - Q_2$．ここで $W > 0$ だから，$Q_1 > Q_2$．また，トムソンの原理より，$Q_2 > 0$．

[6] $\dfrac{3.33 \times 10^2\,\mathrm{J/g} \times 1000\,\mathrm{g}}{273\,\mathrm{K}} = 1.22 \times 10^3\,\mathrm{J/K}$

[7] $\displaystyle\int_{273}^{373} \frac{4.2\,\mathrm{J/K \cdot g} \times 1000\,\mathrm{g}}{T}\,dT = 1.3 \times 10^3\,\mathrm{J/K}$

[8] (1) 平衡温度を x とすると，$4.2\,\mathrm{J/K \cdot g} \times 200\,\mathrm{g} \times (x - 20^\circ\mathrm{C}) = 4.2\,\mathrm{J/K \cdot g} \times 300\,\mathrm{g} \times (75^\circ\mathrm{C} - x)$ $(\therefore x = 53^\circ\mathrm{C})$．

(2) $\displaystyle\int_{293}^{326} \frac{4.2\,\mathrm{J/K \cdot g} \times 200\,\mathrm{g}}{T}\,dT + \int_{348}^{326} \frac{4.2\,\mathrm{J/K \cdot g} \times 300\,\mathrm{g}}{T}\,dT = 7.4\,\mathrm{J/K}$

[9] 準静的に等温膨張する過程を考えて，$\displaystyle \Delta S = \frac{Q}{T} = \frac{W}{T} = \frac{1}{T}\int_{V_\mathrm{A}}^{V_\mathrm{B}} p dV = \frac{1}{T}\int_{V_\mathrm{A}}^{V_\mathrm{B}} \frac{nRT}{V}\,dV = nR\log\left(\frac{V_\mathrm{B}}{V_\mathrm{A}}\right)$．

[10] $2\,\mathrm{mol} \times 8.31\,\mathrm{J/K \cdot mol} \times \log\left(\dfrac{3V}{V}\right) = 18.3\,\mathrm{J/K}$

索　引

さ 行

た 行

な 行

は　行

ま　行

や　行

ら　行

欧　字

著者略歴

永田一清（ながた かずきよ）

1962年　大阪大学大学院理学研究科修士課程修了
1972年　理学博士（大阪大学）
2012年　逝去
　　　　東京工業大学名誉教授，神奈川大学名誉教授

主要著書
電磁気学（朝倉書店，1981）　静電気（培風館，1987）
基礎物理学 上，下（学術図書，1987，共著）
基礎物理学演習 I，II（サイエンス社，1991，編）
サイエンス物理学辞典（サイエンス社，1994，監訳）

松原郁哉（まつばら いくや）

1982年　東京工業大学大学院理工学研究科修士課程修了
1999年　工学博士（東北大学）
現　在　前神奈川歯科大学准教授

主要著書
基礎 波動・光・熱学（サイエンス社，1988，共著）
サイエンス物理学辞典（サイエンス社，1994，分担翻訳）

ライブラリ新・基礎物理学＝3
新・基礎 波動・光・熱学

2006年7月10日 ©　初版発行
2023年2月25日　初版第9刷発行
著　者　永田一清　発行者　森平敏孝
　　　　松原郁哉　印刷者　小宮山恒敏

発行所　株式会社　サイエンス社
〒151–0051　東京都渋谷区千駄ヶ谷1丁目3番25号
営　業　☎(03)5474–8500(代)　振替 00170–7–2387
編　集　☎(03)5474–8600(代)
FAX　☎(03)5474–8900

印刷・製本　小宮山印刷工業（株）
≪検印省略≫

サイエンス社のホームページのご案内
https://www.saiensu.co.jp
ご意見・ご要望は
rikei@saiensu.co.jp　まで．

ISBN 4–7819–1130–7

PRINTED IN JAPAN